W0066630

GUTER HUND, BÖSER HUND

Wegweiser für Rudelführer

Jochen Stadler

GUTER HUND, BÖSER HUND

Wegweiser für Rudelführer

ecoWIN

Sämtliche Angaben in diesem Werk erfolgen trotz sorgfältiger
Bearbeitung ohne Gewähr. Eine Haftung der Autoren bzw.
Herausgeber und des Verlages ist ausgeschlossen.

Zitat Seite 6: Freie Übersetzung des Autors.

1. Auflage
© 2019 Ecowin bei Benevento Publishing Salzburg – München,
eine Marke der Red Bull Media House GmbH, Wals bei Salzburg

Alle Rechte vorbehalten, insbesondere das des öffentlichen Vortrags,
der Übertragung durch Rundfunk und Fernsehen sowie der Übersetzung,
auch einzelner Teile. Kein Teil des Werkes darf in irgendeiner Form
(durch Fotografie, Mikrofilm oder andere Verfahren) ohne schriftliche
Genehmigung des Verlages reproduziert oder unter Verwendung elek-
tronischer Systeme verarbeitet, vervielfältigt oder verbreitet werden.
Gesetzt aus der Palatino, Cera Compact

Medieninhaber, Verleger und Herausgeber:
Red Bull Media House GmbH
Oberst-Lepperdinger-Straße 11–15
5071 Wals bei Salzburg, Österreich

Satz: MEDIA DESIGN: RIZNER.AT
Umschlaggestaltung: Hauptmann & Kompanie Werbeagentur, Zürich
Printed in Germany
ISBN 978-3-7110-0240-2

Für Kleo, wen sonst.

Wenn du mit Tieren sprichst,
werden sie auch mit dir sprechen
und ihr werdet einander kennenlernen.

Wenn du nicht mit ihnen sprichst, wirst du sie nicht kennen,
und was du nicht kennst, wirst du fürchten.

Was jemand fürchtet, das zerstört er.

Häuptling Dan George (1899–1981), Kanada

INHALT

Alltagstraining für Hunde

Alltagstraining für Menschen

VORWORT

»Mein Hund ist nicht aggressiv, mein Hund ist nicht böse«, sagte die Frau, deren Rottweiler gerade ein Kleinkind in den Kopf gebissen hatte, zu den herbeigeeilten Polizisten. Oma und Opa führten den 17 Monate jungen Waris auf dem Gehsteig zwischen sich spazieren, als der entgegenkommende, braunschwarze Hund sich von der Besitzerin losriss, ihn ansprang und zuschnappte. Niemand hat einen Anlass oder Grund dafür gesehen, und es ging so schnell, dass niemand rettend einschreiten konnte.

Immer wieder hört man von Hundebesitzern, ihr geliebter Vierbeiner würde so etwas nie machen, und sie glauben tatsächlich daran, bis etwas passiert und wieder einmal ein tragischer Vorfall durch die Medien geht: »Unvermittelte« Angriffe in der Öffentlichkeit, der Familienhund, mit dem alle Kinder bisher so lieb kuscheln konnten, hat den Jüngsten beim Spielen »ohne Warnung« gebissen, oder sein Herrchen attackiert, als es zur Futterschüssel griff. Viele Menschen sind dann bestürzt, und schimpfen Hunde Bestien und unberechenbare Wesen, um reflexartig ein Verbot für bestimmte Rassen wie Dobermänner, Pitbulls und Rottweiler zu fordern, die immer wieder für negative Schlagzeilen sorgen.

Die Wissenschafter haben aber längst gezeigt, dass es böse »Kampfhunde« genauso wenig wie »Zuschnellfahrautos« gibt. Beißen ist keine Rassefrage. Zuschnappen kann jeder Hund, genauso wie jeder Autofahrer einen Menschen totfahren könnte.

Hunde senden normalerweise eine Reihe von Signalen aus, die zeigen, in welcher Stimmung sie sind und was sie eventuell als Nächstes vorhaben. Einen Menschen zu verletzen, ist für jedes Tier hoch riskant und der allerletzte Ausweg, wenn es nicht mehr weiterweiß und all sein Flehen und Warnen ungehört verhallte. Viele Menschen haben es aber nie gelernt, die Warnsignale der Hunde zu erkennen, die einem Biss vorausgehen, teilweise deuten sie diese falsch und allzu oft schauen sie einfach nicht gut genug hin. Genauso wie im Straßenverkehr können Missverständnisse zu Unfällen führen und Fehler, die sich in der Erziehung eingeschlichen haben, sich irgendwann rächen. Manchmal liegt, wie es bei Rottweiler Joey und dem kleinen Waris wahrscheinlich war, der Teufel im Detail, manchmal aber sind die Fehler unübersehbar.

WIE GEFÄHRLICH HUNDE UND IHRE MENSCHEN SIND

RISIKOFORSCHUNG

Von rund 600 000 Hunden in Österreich und neun Millionen in Deutschland beißen nur die wenigsten, genauso wie die meisten Autofahrer keine Unfälle mit Toten und Schwerverletzten verursachen. Für die Risikoforscher sind solche Vorfälle die Spitze des Eisbergs, die aus einer breiten Basis von Fehlern aufragt. Die meisten davon bleiben ungerächt, doch ein gewisser Anteil führt zu Zwischenfällen. Auf jeden Hundebiss, über den in der Zeitung berichtet wird und der im Internet die Wellen der Empörung hochschlagen lässt, kommt eine Unzahl von sogenannten »Beinahe-Unfällen«. Bei ihnen sind alle Voraussetzungen erfüllt, dass es zu einem Zwischenfall kommt, aber durch glückliche Umstände passiert nichts. Im Straßenverkehr wäre solch ein Beinahe-Unfall zum Beispiel, wenn man im Winter unterschätzt, wie rutschig die angeeiste Landstraße ist und in der Kurve auf die Gegenfahrbahn gerät. Es kommt aber gerade niemand entgegen, niemand hat den Fehler gesehen, nichts ist passiert. Oder ein Kind huscht hinter einem abbiegenden Lastwagen vorbei, ohne zu wissen, dass der Fahrer es nicht im Rückspiegel sehen kann. Solche Sachen gehen tausendmal gut, doch hier und da stolpert ein Kind bei einer solchen Aktion, oder es gibt in der rutschigen Kurve auf der Landstraße Gegenverkehr.

Wenn das Risiko in absoluten Zahlen niedrig ist, kann man jahre- und jahrzehntelang Dinge falsch machen, ohne dass etwas vorfällt. Das gilt im Umgang mit Hunden genauso wie im Straßenverkehr. Die menschliche Psyche ist so eingerichtet, dass sie einen dann glauben macht, man ist sicher unterwegs und das Verhalten adäquat. In Wirklichkeit hat man bisher nur Glück gehabt.

Unfälle passieren nicht, sie werden gemacht, ist ein Leitsatz in der Unfallforschung. Wen es trifft und wie schlimm der Ausgang ist, entscheidet aber der Zufall. Man kann als unschuldiges Opfer zur falschen Zeit zum Beispiel in der falschen Kurve sein oder dem falschen Hund-Besitzerpärchen entgegenspazieren. Man kann mit blauen Flecken davonkommen oder totgefahren und -gebissen werden. Man kann seinen Hund jahrelang falsch behandeln und dadurch aggressiv machen, ohne dass es je zu einer Situation kommt, wo er beißt. Er kann nach einem erwachsenen Freund schnappen, der das Ganze als Lappalie abtut, oder nach einem Kind, das dadurch schwer verletzt wird.

Solange es den Eisberg gibt, kann man jederzeit in genau diesem einen von Tausenden Schiffen sitzen, das im Nebel dagegen kracht. Man kann aber etwas gegen diese Eisberge tun. Die Spitzen sieht man meist zu spät, dagegen vorzugehen, bringt also nicht viel. Aber man kann der Basis einheizen und sie zum Schmelzen bringen. Fundiertes Wissen, wie Hunde die Welt sehen und auf ihre Umgebung reagieren, und ein wenig Übung mit den besten Freunden des Menschen helfen, Fehler zu vermeiden, die irgendwann zu ernsthaften Problemen und Unfällen führen können. Lässt man so die Basis des Eisbergs schwinden, sinkt die Spitze ins Meer und löst sich im Salzwasser auf. Damit wird das Leben für Zwei- und Vierbeiner angst- und stressfreier, genauso wie man eine Seefahrt viel besser genießen kann, wenn man weiß, dass auf der Route keine Eisberge lauern.

FRISCHE FÄLLE

Rottweiler tötet Kleinkind

Noch gibt es aber zu viele Eisberge mit hoch herausragenden Spitzen. Der nicht einmal eineinhalb Jahre junge Waris wurde Opfer eines solchen. Oma und Opa gingen mit ihm spazieren. Eine Frau mit Rottweiler an der Leine kam ihnen entgegen. Der Rottweiler riss sich los und biss das Kind unversehens in den Kopf. Niemand konnte schnell genug reagieren, um dies zu verhindern. Obwohl rasch ein Sanitäter und eine Notärztin zur Stelle waren und ihn versorgten, starb Waris zwei Wochen später im Krankenhaus.

Dies klingt zunächst so, als ob ein unberechenbarer Listenhund jäh durchdrehte, Amok lief und mordete. Gerade noch friedlich auf der Straße Gassi geführt, mutierte Rottweiler Joey von einem Augenblick auf den anderen zum Killer.

Schnell wurde er in den sozialen Netzwerken zum Psychopathen erklärt. Joey war ja nicht irgendein Hund, sondern ein Rottweiler. Also ein Angehöriger einer Rasse, vor der viele Menschen aufgrund ihrer Größe und Kraft Respekt haben. Eine Rasse, die als harte Gebrauchshunde zum Rindertreiben gezüchtet, von der Polizei und dem Militär gegen Räuber, Mörder und Feinde eingesetzt wurde und die Drogendealer und Zuhälter zum Einschüchtern von Konkurrenten und als Potenzsymbol missbraucht und so in Verruf gebracht haben – und die manch Unwissender als Kampfhunde bezeichnet. »Wie viele Kinder müssen noch sterben oder bis ans Ende ihrer Tage ein Leben als Pflegefälle fristen, bevor man endlich Kampfhunde verbietet – rein biologisch gesehen, wäre das von der Artenvielfalt auch kein nennenswerter Verlust«, schreibt einer meiner Facebook-Freunde. Eigentlich ist er Wissenschafter, sogar Biologe. Auch wenn sein Fachgebiet nicht die Zoologie oder gar Verhaltensforschung ist, sollte er zumindest das tun, was er von Impfgegnern und Klimaleugnern auf genau diesem sozialen Medium fordert: Sich über wissenschaftliche Ergebnisse informieren und ihnen Glauben schenken, anstatt unverblümt ahnungslos jemanden anzupatzen. Eine andere Bekanntschaft, ebenfalls Wissenschafter und Professor an einer Universität, der ansonsten überaus liberale Ansichten kundtut, fordert wiederum generelle Leinen- und Maulkorbpflicht für alle Hunde immer und überall in der Öffentlichkeit, solange sich »jeder Soziopath einen Hund zulegen kann«.

Lebensbedrohliche Hundeattacken sind zum Beispiel im Vergleich zu tödlichen Autounfällen sehr selten. In Deutschland und Österreich ist die Gefahr, durch einen Hundebiss zu sterben, in etwa so klein, wie von einem Blitz tödlich getroffen zu werden, bei Verkehrsunfällen sterben zwei- bis vierhundertmal mehr Menschen. Trotzdem spalten sie offensichtlich die Gesellschaft und sind ein so emotionales Thema, dass eine langjährige Ausbildung und Berufstätigkeit, die anleitet, sich stets von Fakten und nicht Affekten leiten zu lassen, oft komplett ausgeblendet wird.

Aber keine Angst. Wir bleiben hier absolut wissenschaftlich und beantworten gemeinsam mit ausgebildeten Experten und Spezialisten für »Hundeprobleme« die wichtigsten Fragen, wann und warum Hunde beißen, und räumen mit gängigen Vorurteilen auf. Außerdem werden wir entdecken, dass die meisten Hundeprobleme in Wirklichkeit Menschenprobleme sind.

Im Falle Joey gegen Waris führte das Zusammentreffen von mehreren Fehlern zur Katastrophe, die jeweils für sich selbst wohl keine große Auswirkung gehabt hätten. »Das war ein schrecklicher Unfall, aber den hätte kein Gesetz der Welt verhindern können«, meint Irene Sommerfeld-Stur, Hundezuchtexpertin und Professorin der Veterinärmedizinischen Universität Wien im Ruhestand. Die Konstellation war so unglückselig, wie sie nur sein konnte, sowie ein paar Menschen und ein Hund zur falschen Zeit am falschen Ort. Die Dame, die den Rottweiler an der Leine führte, war bei dem Unfall zudem betrunken. Sie arbeitete bei einem Sicherheitsdienst. »Dieser Hund wird nicht immer entspannt an der Leine gegangen sein und sich dann plötzlich umgedreht haben und ausgerastet sein«, erklärt Marleen Hentrup, ehemalige Hunde- und Wolfslehrerin am Wolf Science Center in Ernstbrunn, nunmehr Hundetrainerin und Spezialistin für Problemhunde. Genauso wie bei Menschen, gäbe es bei Hunden immer Vorzeichen. Im Training für Gebrauchshunde, zu denen neben Rottweilern zum Beispiel auch Deutsche Schäferhunde zählen, wird oft spielerisch der Jagdtrieb »aktiviert«: Die Hunde dürfen etwa nach mit Stoffresten gefüllten Jutekissen schnappen, die von ihnen weggezogen werden, um später einmal davonlaufende Einbrecher zu packen. Gut ausgebildete Hunde können dabei problemlos unterscheiden, ob es sich um einen Menschen oder um ein Spielzeug handelt, selbst wenn sie sich in einer adrenalingeschwängerten »hohen« Trieblage befinden. Bei dem Unglücksfall in Wien darf bezweifelt werden, dass der Hund voll und gut ausgebildet war. »Halb oder schlecht auszubilden, ist in solchen Bereichen problematisch, genauso wie wenn man jemanden nach drei Fahrstunden zwischendurch mal allein durch die Gegend kurven lässt«, so Hentrup. Zusätzlich war der Rottweiler-Rüde wohl verunsichert, weil seine Vertrauensperson sich seltsam verhielt, immerhin hatte sie laut Polizei 1,4 Promille Alkohol im Blut.

Dann kamen die zwei Großeltern mit dem Kleinkind entgegen. Sie spielten laut *Wiener Zeitung* mit ihm »Engelchen flieg«, schwangen es also zwischen sich an den Armen hoch. Sie achteten wohl nicht darauf, dass ihnen eine Dame mit Rottweiler entgegenkam, vielleicht waren sie aber auch sorglos, weil er ohnehin an der Leine war. Dass die Frau den 47 Kilogramm schweren Rüden in ihrem alkoholisierten Zustand nicht halten konnte, als er lossprang, wundert im Nachhinein wohl niemanden. So zynisch und surreal es klingt: Es ist sehr wahrscheinlich, dass der Hund »einfach nur spielen« wollte. Er schoss auf das Kind zu, das er vermutlich nur für ein Spielzeug hielt, und packte es. Wie ein Jutekissen im Training. Der Ausgang war freilich fatal. Schuld an diesem Vorfall ist laut der Expertin aber nicht die Hunderasse. »Es hätte genauso mit jedem anderen großen Hund passieren können«, sagt Hentrup. Grund ist multiples menschliches Versagen, das durch unglückliche Umstände in einer Tragödie endete. Bei kleinen Kindern müsse man als Hundebesitzer immer aufpassen, denn gewisse Bewegungsmuster von ihnen können einen Jagdinstinkt auslösen. Manche Experten sind auch der Meinung, dass Hunde ganz kleine Kinder nicht immer als Menschen erkennen. Deshalb sollte man diese auch nie mit Hunden allein lassen und eben bei Begegnungen mit fremden Hunden eine gewisse Vorsicht walten lassen.

»Ich glaube, selbst wenn der Hund einen Maulkorb gehabt hätte, hätte das Kind diesen Vorfall wahrscheinlich auch nicht überlebt«, meint Sommerfeld-Stur. Die Wucht des Aufpralls von einem maulkorbbewehrten Rottweilerschädel hätte bei so einem kleinen Kind zu einem Schädelbruch führen können, der genauso lebensbedrohlich ist wie ein Biss. Die in Wien aufgrund dieses Vorfalls verordnete Maulkorbpflicht hätte also Waris' Leben möglicherweise auch nicht retten können.

Solche Fälle, in denen ein Hund eine fremde Person anfällt und beißt, sind absolut die Ausnahme und nicht die Regel. 90 Prozent der Beißopfer kennen den angreifenden Hund, meist ist es sogar der eigene, und diese Vorfälle passieren in der Wohnung und in privaten Gärten, wo kein Hund Leine und Maulkorb trägt. Man kann also die Zahl der Unfälle mit Gesetzen zur Leinen- und Maulkorbpflicht schon deshalb kaum mindern. Zu den meisten Verletzungen kommt es auch nicht, weil der Hund von sich aus aggressiv wäre, sondern es mangelt den Menschen oft an Wissen, wie man sich gegenüber Hunden verhält.

In diesem Fall waren die Auswirkungen fatal: Das Kleinkind Waris starb an den Folgen des Unfalls. Joey wurde euthanasiert. Die Besitzerin verlor ihren Job und zog innerhalb kürzester Zeit aus der Gegend fort, wo der Unfall passierte, weil sie sich nicht mehr in die von Reportern belagerte Wohnung traute. Sie konnte nur mit Beruhigungsmitteln schlafen, weil sie sonst ständig das Szenario mit der Blutlache des Kindes vor Augen hatte. Sie wurde schließlich wegen grob fahrlässiger Tötung zu einem halben Jahr unbedingter Gefängnisstrafe verurteilt. Das Urteil ist allerdings nicht rechtskräftig, denn sie beruft gegen das Strafmaß. Das Ausmaß des Seelenschmerzes der Großeltern und Eltern des kleinen Buben können wohl nur Menschen nachvollziehen, die Ähnliches durchgemacht haben. Das sind wohl wenige. Es ist brutal, wenn das Leben zufällig einen Kontakt mit der Spitze eines Eisbergs hat.

Dackel beißt zu
Kurz darauf war die nächste Hund-biss-Baby-Meldung in den Medien. Diesmal war ein Dackel der Täter. Sein Besitzer ließ ihn bei einem Heurigenbesuch in einem Weinort südlich von Wien frei im Gastgarten herumlaufen. Er bettelte andere Gäste an und entdeckte unter einem Tisch Essbares. Dort krabbelte aber auch ein zweijähriges Mädchen namens Olivia umher. Der Dackel verteidigte wohl sein gefundenes Fressen gegen das Kleinkind und fügte ihr so tiefe Fleischwunden im Gesicht zu, dass sie ins Wiener Allgemeine Krankenhaus gebracht und dort in künstlichen Tiefschlaf versetzt werden musste. Auch hier haben erwachsene Zweibeiner massive Fehler gemacht. Ein argloser Hundebesitzer ließ seinen Dackel, der zwar klein,

aber ein waschechter Jagdhund ist, frei herumlaufen, obwohl das Gesetz an solchen öffentlichen Orten Leine oder Maulkorb für jeden Hund vorschreibt. Arglose Eltern ließen ihr Kleinkind unter dem Tisch krabbeln, achteten entweder nicht darauf, dass da auch ein Hund war, oder dachten sich nichts dabei. Dem Dackel kann man eigentlich keinen Vorwurf machen, und er hat sich nur so verhalten, wie es ein Hund tut: Er hat sein Essen verteidigt. Dass Dackel nicht zimperlich sind, sollte man aus der Geschichte dieser Rasse wissen, wenn man so einen Hund besitzt: Sie wurden gezüchtet, um Füchse und Dachse in den Bau zu verfolgen und zu töten. Nur verwegene, gnadenlose Draufgänger hatten dabei eine Chance. Selbst wenn das Erbe ein bisschen verwässert ist, weil heute viele Dackel als Familienhunde und nicht zur Jagd gehalten werden, sollte man mehr Vorsicht walten lassen, wenn man so einen Hund besitzt. Dasselbe gilt, wenn das eigene Kind zu einem Hund, den man noch dazu nicht kennt, hin krabbelt, während er frisst.

Die Bissserie riss nicht ab. Zwei Tage später wurde in Oberösterreich einem alten Mann, der auf einer Bank saß, von einem Schäferhund-Mischling eines Wanderers in die Hand geschnappt. Knapp zwei Wochen danach biss ein Pitbull-Terrier in Wien zwei Jugendliche und kurz darauf ein Staffordshire Bullterrier ein elfjähriges Mädchen. In diesen beiden Fällen kannten die Opfer die Besitzerinnen und die Hunde. Zu Weihnachten fütterte eine Frau ihre Schäferhunde im Zwinger und nahm Besuch mit hinein: Einen Vater mit dreijährigem Bub. Zwei Hunde attackierten den Jungen und verletzten ihn – zum Glück nur leicht. Gegen die Besitzerin und den Vater wurde wegen Körperverletzung und Verletzung der Aufsichtspflicht Anzeige erstattet. Ich denke zu Recht: Solch unverantwortliches Verhalten gehört gerichtlich gewürdigt, vor allem wo wieder einmal ein kleiner Junge unschuldig zum Handkuss kam.

22

Den Vogel abgeschossen hat aber meiner Meinung nach ein Vorfall wieder einmal mit einer betrunkenen Dame, diesmal mit Schäferhund-Mischling, sowie Polizisten, Sanitätern und Passanten. Mehrere der handelnden Personen wurden blessiert: Eine Frau war im Treppenhaus gestürzt und hatte Verletzungen im Gesicht. Ein Nachbar setzte einen Notruf ab. Polizisten und Sanitäter eilten herbei und führten die offensichtlich betrunkene Frau in ihre Wohnung. Sie konnte sich dort aber nicht auf den Beinen halten und fiel abermals zu Boden. Ein Polizist und ein Sanitäter wollten ihr aufhelfen. Dies hat der Schäferhund-Mischling wohl missverstanden, der aufgrund des seltsamen Verhaltens seiner Besitzerin und des Personenaufgebots in seinem Revier sicherlich verstört war: Er biss den Hüter von Gesetz und Ordnung in den Unterarm. Die Sanitäter und Polizisten gaben daraufhin auf, der Betrunkenen helfen zu wollen, und rückten ab, jedoch nicht ohne sie in Kenntnis zu setzen, dass sie wegen Körperverletzung und Verstößen gegen das Tierhaltegesetz angezeigt würde. Sie ließen Frau und Hund in der Wohnung zurück. Eine Stunde später läutete bei der Polizei erneut das Telefon. Eine Frau liege regungslos auf der Straße, berichtete der Anrufer. Als die Einsatzkräfte dort ankamen, fanden sie dieselbe unkooperative Dame, die zuvor im Stiegenhaus gestürzt war. Sie war unweit ihrer Wohnung zusammengebrochen, neben ihr war der angeleinte Hund. Eine junge Passantin griff zur Leine, damit sich die Sanitäter der Berufsrettung um die Dame kümmern konnten. Dies missfiel dem Hund allerdings. Er wollte sich losreißen und zu seinem Frauchen, wurde allerdings standhaft zurückgehalten. Zumindest, bis er die Passantin in die Hand gebissen hatte. Beide Frauen wurden erstversorgt und getrennt in Rettungswägen ins Krankenhaus gekarrt. Polizisten der Hundestaffel wurden gerufen, damit sich Profis um den Hund kümmern. Sie brachten ihn in eine nahe gelegene Polizeistation.

»Dort lösten sich Leine und Beißkorb, die defekt waren, und eine Beamtin musste den aggressiven Hund fixieren«, heißt es in einer Meldung der Austria Presse Agentur über den Vorfall. Der Schäfer-Mischling war damit nicht glücklich, wehrte sich und schaffte es, die Polizistin in den Unterarm zu beißen. Die Polizisten riefen die Tierrettung und erneut ihre Spezialstaffel-Kollegen zu Hilfe: Der Hund verhalte sich »weiterhin äußerst aggressiv«. »Bei der Umlagerung des Tieres in einen Hunde-korb wurde ein weiterer Beamter in die Hand gebissen«, wird weiter berichtet. Aller gebissenen Polizisten sind drei. Letzt-lich endete der wohl mittlerweile vollkommen verstörte und verängstigte Hund im Tierquartier. Sämtliche seiner Verteidi-gungsbisse hatten zum Glück nur leichte Verletzungen zur Folge. Auch seine Besitzerin war nur leicht versehrt. In ihrem Blut befanden sich übrigens mehr als zwei Promille Ethanol. Es wurde diskutiert, den »äußerst aggressiven Hund« einzu-schläfern. Wissenschafter und Hundeverhaltensexperten sind sich jedoch einig, dass ein Hund nicht als aggressiv bezeichnet werden kann, wenn er seine Besitzer oder sich selbst verteidigt. Soweit ich in Erfahrung bringen konnte, wurde die Euthana-sierung des Hundes durch ihre heftigen Proteste zu Recht verhindert.

Schließlich gab es auch noch zwei in den sozialen Medien und Zeitungen hochemotional diskutierte Vorfälle mit Hunden und Wild. Im ersten Fall riss ein Weimaraner Jagdhund auf einem Hügel im Norden von Wien ein Reh, im zweiten Fall der Siberian-Husky-Rüde einer Skitouristin eines in Kärnten direkt neben der Piste. Es gab jeweils Fotos und Videos von Umstehen-den, die sofort ihre Beobachtungen auf Facebook und Youtube teilten, mit dem entsetzten Vermerk, was sie da Schreckliches mitansehen mussten, aber nicht wagten einzugreifen. Das wäre laut Experten auch nicht sinnvoll gewesen, da die Hunde ihre Beute wahrscheinlich vor Fremden ernsthaft verteidigt hätten. Zu Hilfe gerufene Jäger konnten schließlich nicht mehr tun, als den Rehen weitere Leiden zu ersparen. Jenes am Wiener Bisamberg wurde erschossen, das in Kärnten auf der Turracher Höhe »geknickt«, also mit dem Messer getötet.

Empöret euch!

Man könne keinem Hund mehr trauen, der einem auf der Straße entgegenkommt, ist der Tenor verängstigter Menschen in den sozialen Medien und Foren der Onlinezeitungen nach solchen Vorfällen und Berichterstattungen. Manche Rassen seien unberechenbar und unterschwellig aggressiv, sollten nur mehr durch Maulkörbe gefilterte Luft atmen und besser gar nicht mehr gezüchtet werden, kann man dort wieder und wieder lesen. Die Politik folgt dem Poster-Herz brav bei Fuß: In Wien, wo der tragische Vorfall mit dem kleinen Jungen Waris und dem Hund Joey stattfand, dürfen Angehörige einer von Laien willkürlich zusammengestellten Liste von Hunderassen nur mehr mit Maulkorb und Leine auf die Straße, die Hundebesitzer müssen jederzeit mit einer Alkoholkontrolle rechnen, und solche Hunde dürfen in dem Bundesland nicht mehr gezüchtet werden. Ein seriöser Züchter, der sich um die Gesundheit, Wesensstärke und gute Sozialisierung einer Rasse kümmert, nach den Regeln eines Verbandes arbeitet und von diesem kontrolliert wird, darf also in der Hauptstadt zum Beispiel keine Rottweiler, Bullterrier und Staffordshire Terrier mehr heranziehen, sozialisieren und anbieten. Die Wiener werden sich deshalb anderswo umsehen müssen, wenn sie solch einen Hund haben wollen. Hoffentlich werden sich viele an gute Quellen zum Beispiel in anderen österreichischen Bundesländern, Deutschland und der Schweiz wenden, aber der Markt für Kofferraumhunde aus ehemaligen Schweineställen, schmutzigen Hinterhöfen und windigen Schuppen im In- und Ausland ist mit dieser zweifelhaften Gesetzgebung freilich größer und lukrativer geworden.

Schon bei der Erstellung der umstrittenen »Kampfhunde«-Liste vor zehn Jahren vermied man es in Wien geflissentlich, auf die Meinung von Experten zu hören. Diese wurden zwar befragt, wie zum Beispiel Irene Sommerfeld-Stur. »Wir gaben unsere Meinungen und Statements ab, die alle einhellig solche Maßnahmen als nicht zielführend deklarierten, aber dies wurde überhaupt nicht berücksichtigt«, berichtet sie. Damals wie heute ist die Gesetzgebung rein populistisch motiviert, sind sich die Experten einig. Man will die Bevölkerung mit einfachen, raschen, billigen und plakativen Maßnahmen beruhigen und dem Wahlvolk eine Sicherheit vorspiegeln, die es so nicht gibt. Denn die meisten Beißvorfälle geschehen erstens nicht in der Öffentlichkeit und zweitens nicht von »Listenhunden«. Sie sind in erster Linie in menschlichem Versagen begründet und keineswegs in der Unberechenbarkeit der Vierbeiner. Jene sind sogar meist sehr tolerant gegenüber dem menschlichen Fehlverhalten, das man eigentlich tagtäglich mitanschauen kann, wenn man durch die Städte und Ortschaften spaziert.

WELCHE RISIKEN GEHEN VON HUNDEN AUS

BEISSEN

Facebook-Poster, die Boulevardblätter und manche Politiker suggerieren gerne, dass die Gefahr durch Hundebisse groß ist und zunimmt. Beides ist falsch. Bei den Unfallursachen bei Kindern und Erwachsenen findet man Hundeattacken unter »ferner liefen«. Laut Schätzungen gehen von 8,8 Millionen Österreichern pro Jahr zwischen 3000 und 5500 wegen Hundebissverletzungen zum Arzt. In Deutschland mit seinen 82,8 Millionen Einwohnern suchen 30 000 bis 50 000 wegen eines durch die Haut eingedrungenen Hundezahns einen Mediziner auf und in der Schweiz von 8,4 Eidgenossen 2500. Das heißt, im Schnitt wird im deutschsprachigen Raum pro Jahr einer von mehr als 2000 Menschen durch einen Hund so stark verletzt, dass er ärztlich versorgt wird. In den drei Ländern ist damit nur jeder zehn- bis zwanzigtausendste Arztbesuch auf einen Hundebiss zurückzuführen. Überall dort, wo es nach Jahren geordnete Statistiken gibt, sind die Zahlen der Hundebissvorfälle rückläufig. In manchen städtischen Kliniken stammt übrigens jede fünfte Bissverletzung, die Mediziner versorgen müssen, von Menschen und nicht von Hunden oder Katzen. Wir sollten uns also selber an der Schnauze nehmen, bevor wir unsere besten Freunde bissig heißen.

Etwa ein Fünftel der Hundebiss-Opfer sind Kinder unter 15 Jahren. Am häufigsten (in 28 Prozent der Fälle) beißt Köter zu, während die Kinder mit ihm spielen, wie Forscher der Universität Graz herausfanden. Halb so viele Beißvorfälle (14 Prozent) geschehen beim Vorbeigehen von Hund und Mensch, etwas weniger (10 Prozent) beim Kuscheln sowie beim Füttern und Vorbeiradeln (8 Prozent). Jeweils zwei Prozent der Unfallopfer haben den Hund absichtlich erschreckt, ihn am Schwanz gezogen oder bei einer Rauferei zwischen zwei Hunden dazwischen gegriffen. Neun von zehn Bissopfern kannten den Hund, in vielen Fällen handelte es sich um den eigenen Familienhund, den von Nachbarn oder Freunden. Der Humanmediziner und Herausgeber der österreichischen Hundezeitung *Wuff* Hans Mosser aus Wien untersuchte sämtliche Literatur zu Beißvorfällen bei Kindern, die er finden konnte, und entdeckte, dass in zwei von drei Fällen eindeutig erkennbar war, dass die Kinder den Hund vor dem Vorfall provoziert haben. Manchmal neckten oder quälten sie ihn absichtlich, manchmal rissen sie ihn zwecks Gaudi aus dem Schlaf, streichelten ihn, obwohl er dies offensichtlich nicht wollte, störten ihn beim Fressen oder spielten nicht adäquat mit ihm. Das Fehlverhalten war in diesen Fällen also klar ersichtlich und wurde von den Eltern zumindest im Nachhinein als solches erkannt und zugegeben. Ich würde einmal vorsichtig spekulieren, dass im restlichen Drittel ähnliche Dinge oft unbemerkt blieben oder aus Scham nicht preisgegeben wurden. Den Großteil der Beißunfälle könnte man also schon allein damit verhindern, dass man Kindern klarmacht, dass Hunde Lebewesen und kein Spielzeug sind, mit dem man umgehen kann, wie es einem gerade passt. Dass man Hunde respektieren muss, sie nicht ärgert, quält und beim Fressen stört. Wenn Kinder und Erwachsene lernwillig und bereit sind, die Hunde und ihre Sprache zu verstehen, sollte eigentlich gar nicht mehr viel passieren. Die gute Nachricht aus der Statistik ist also: Fast alle Beißvorfälle sind mit ein wenig Mühe vermeidbar, weil die Menschen sie verschulden. Die schlechte Nachricht lautet hingegen, dass die Menschen sich am eigenen Schopf packen müssen, wollen sie die Situation verbessern, und dies nicht an die Politik und alle anderen auslagern können.

BEGRÜSSEN UND BESTÜRMEN

Meine Hündin presst sich auf den Boden, mit dem Kopf zwischen den Vorderpfoten liegt sie flach wie ein Bärenfell in einer Jagdhütte am Rande des Schotterwegs. Sie hat zwei Reiter erblickt, die auf uns zukommen. Ihre Rute bewegt sich langsam hin und her und wirbelt ein bisschen Staub auf, sonst ist ihr ganzer Körper starr. Sie fixiert die Pferde, lässt sie nicht aus den Augen. Nur ja nicht rühren. Die Reiter lenken ihre Rösser rücksichtsvoll einen Bogen um sie herum. »Oje, der arme Hund hat Angst vor Pferden«, höre ich den einen zum anderen sagen. Das ist leider falsch beobachtet, denn meine Hündin Kleo hat ihnen aufgelauert, um sie mit Spielaufforderungen zu bestürzen, so wie sie es bei fremden Hunden gerne macht. »Schau mal, ich bin vollkommen harmlos, du kannst gefahrlos herkommen«, signalisiert sie ihnen mit jeder Faser ihres Körpers. Den Pferden ist übrigens im Gegensatz zu den Menschen auf ihren Rücken sehr gut bewusst, dass dieser Hund auf gewisse Art lauert und sich nicht fürchtet. Sie stelzen äußerst vorsichtig an ihm vorbei und verdrehen die Augen so, dass sie ihn stets im Blick behalten. Meine Flat-Coated-Retriever-Hündin wiederum ist, wenn sie näherkommen, stets von der Größe dieser Tiere dermaßen beeindruckt, dass sie ruhig liegen bleibt und sie nur interessiert aus den Augenwinkeln beobachtet, bis sie vorbei sind. Doch wenn die Reiter auf ihren nervösen Pferden stehen blieben, um sie zu ermuntern, dass sie keine Angst zu haben bräuchte, würde es gefährlich. Sie könnte dann aufspringen und als Spielaufforderung mit geducktem Kopf und

Vorderkörper vor ihnen herumtollen. Bei einem Esel hat sie dies schon einmal probiert und ist nur knapp seinen Hinterhufen entgangen. Fluchttiere kennen solche Gesten instinktiv von Wölfen, bevor sie zuspringen, und machen als Reaktion ihrem Namen unversehens Ehre. Ob die Reiter für eine solche Aktion fest genug im Sattel sitzen, wage ich zu bezweifeln und kläre sie daher raschestens über die wahre Intention meiner vierbeinigen Freundin auf.

Vor Kurzem gab es in Niederösterreich einen Zwischenfall mit Hunden und Pferden. Ein Mann wollte drei Pferde von der Koppel in den Stall führen, doch die Tiere scheuten, als sie freilaufende Hunde erblickten, und liefen davon. Rund einen Kilometer vom Stall entfernt bereitete ein heranbrausender Eisenbahnzug ihrer Flucht jedoch ein jähes Ende. Die Feuerwehr musste ihre Überreste mit einer Seilwinde bergen, und die Strecke war einige Zeit gesperrt. Menschen wurden bei dem Unfall zum Glück keine verletzt.

Auch freundliche Hunde können durchaus gefährlich sein, so Sommerfeld-Stur. In der Hundewelt ist es gang und gäbe, sich beim Begrüßen das Maul zu schlecken. Hunde wollen auf diese Art aber nicht nur Artgenossen, sondern auch Menschen ihre guten Absichten demonstrieren. Außer bei kleinen Kindern ist aber ein Menschenantlitz für sie unerreichbar hoch, wenn sie dabei auf allen Vieren stehen bleiben. Deshalb springen sie zur Begrüßung in die Höhe, was besonders bei großen Hunden durchaus gefährlich werden kann. Vor allem ältere Menschen können dabei leicht umgestoßen werden, aber auch bei jungen könnte es durchaus vorkommen, dass sie das Gleichgewicht verlieren und zum Beispiel mit dem Kopf auf einer Kante anstoßen, meint die Expertin.

Manchmal teilen die Vierbeiner bei so einer Begrüßung auch unabsichtlich einen Kinnhaken aus. Als Kleo noch sehr jung und extrem ungestüm war, traf ich bei einem Spaziergang über die Felder eine Pensionistin mit einer Deutsch-Langhaar-Dame. Weil rundherum nichts gefährlich oder gefährdet war, ließen wir die Hunde von der Leine und sie spielten miteinander. Die andere Hundedame konnte jedoch nicht sehr lange mit der jungen und wilden Kleo mithalten, denn sie zählte schon viele Lenze, war auf einem Auge blind und auch mit dem anderen sah sie sehr schlecht. Sie setzte sich nieder und ließ den Jungspund allein herumtollen. Kleo suchte sofort eine andere Spielgefährtin und fand sie in der freundlichen Pensionistin. Diese bückte sich zu ihr hinunter, was prinzipiell eine sehr gute Idee ist, damit der Hund unten bleibt. Doch Kleo war schon im Hochspringen und ihr Schädel knallte gegen den Unterkiefer der Frau. Aus purem Glück passierte nichts, obwohl der Zusammenstoß grauslich klang. Der Kieferknochen blieb heil, die Lippen bluteten nicht, die Frau biss sich nicht in die Zunge und war als langjährige Hundefreundin nicht einmal sonderlich erschrocken. Im Gegenteil, sie tröstete mich sogar, weil ich mich hundertmal entschuldigte und es mir extrem unangenehm war, was Kleo da gerade in ihrer ungestümen Art gemacht hatte. Dann erzählte sie mir lachend, während Kleo schon wieder an der Leine hing und sich beruhigt hatte, dass sie am Vortag nach langem Hin und Her endlich gut passende, sauteure »dritte Zähne« bekommen habe, die nun auch stoßgeprüft waren. Als wir mit unseren Hunden anschließend getrennte Wege gingen, hatte ich nicht nur selbstredend extrem viel Respekt vor dieser großartigen Frau mit ihrer unglaublich positiven Einstellung, sondern gelernt, wie schnell ein Malheur passieren kann, wenn man nicht ständig aufpasst. Ich habe so gut wie möglich versucht, Kleo das Hochspringen abzutrainieren. Weil es aber für die Hunde ein natürliches, selbstverständliches Verhalten ist, glaube ich nicht, dass man sich sicher sein kann, dass selbst ein ruhiger Hund nach langem Üben es nie zeigen kann. Vor allem, wenn die besten Freunde des Menschen aufgeregt sind, kann dies immer wieder passieren. Bei kleinen Hunden mit ein paar Kilogramm Körpergewicht, die ausgestreckt gerade einmal in Hüfthöhe kommen, ist dies ja niedlich, aber bei großen Hunden jenseits von fünfundzwanzig oder dreißig Kilogramm wird solches Verhalten bald unangenehm und gefährlich.

DAS HAT ER NOCH NIE GEMACHT

Ich habe das noch nie gesagt. Falls jemand diese Worte aus meinem Mund vernommen hat, muss er sich verhört haben. Oder ich habe es gut verdrängt. »Das hat er noch nie gemacht« ist bei Hundebesitzern ein geflügeltes Wort. Es bedeutet: Ich weiß, dass er das nicht tun sollte, und es ist mir peinlich, aber nicht so schlimm, dass ich ernsthaft etwas dagegen tun werde, um es ihm abzugewöhnen. Das Wörtchen »nie« wird dabei gerne mit einem Lächeln untermalt und lang gestreckt ausgesprochen. Als Spaß, wenn der Hund Futter von der Küchenplatte stiehlt oder bei den Freunden den Garten umgräbt, ist dieser Spruch – meiner Meinung nach – erlaubt. Manchmal fällt er aber auch bei ernsteren Dingen: »Mein Hund hat zuvor noch nie nach jemandem geschnappt.« »Mein Hund hat noch nie ein Kind angeknurrt.« »Mein Hund hat noch nie jemanden gebissen.« Das mag ja wohl stimmen, es bedeutet aber nur: »Mein Hund ist noch nie in die richtige oder falsche Situation gekommen, in der er dieses Verhalten zeigen würde.« Der Fehler liegt hier also beim Zweibeiner: Er hat dem Hund nicht beigebracht, mit dieser oder jener Situation cool umzugehen, oder ihn in eine Situation gebracht, aus der er keinen anderen Ausweg mehr fand.

Ein guter Partner dieses Spruchs ist »Mein Hund würde so etwas nie tun.« Auch hier gilt: Er hatte weder Gelegenheit noch den passenden Anreiz dazu dies oder jenes zu machen. Hunde sind schlaue, umgängliche und oft sehr leidensfähige Wesen. Sie tolerieren bei ihrem besten Freund viele Fehler und müssen es oft als »normal« akzeptieren, dass er ihre Zeichen, Sprache und Signale weder beachtet noch versteht. Zumindest in den westlichen Ländern sind Hunde komplett von den Menschen abhängig. Wir bestimmen ihr Leben vierundzwanzig Stunden am Tag, sieben Tage die Woche, zweiundfünfzig Wochen im Jahr. Von ihrer Geburt bis zu ihrem Tod. Es liegt daher an uns Zweibeinern, dass Hunde nicht in Situationen kommen, wo sie aus Menschensicht unangemessen reagieren und jemandem Schaden zufügen können.

DER LISTENHUND-BLUES

Rasselisten sind rassistisch. Sie sind Grundlage für Gesetze, die einige wenige Hunderassen gezielt benachteiligen. Doch die Hunde sind in diesem Fall auch Mittel zum Zweck für eine soziale Schikane. »Man kann das Theater in Wien um die Listenhunde deutlich als Kampf der Bobos (Anm.: bourgeoise bohémien) in der Wiener Stadtregierung gegen die Unterschicht an der Peripherie interpretieren«, meint der Verhaltensbiologe Kurt Kotrschal, Professor an der Universität Wien, Mitgründer des Wolf Science Center in Ernstbrunn (Niederösterreich) und Leiter der Konrad Lorenz Forschungsstelle in Grünau im Almtal (Oberösterreich). Die Eliten aus der Innenstadt und den Nobelbezirken wischen damit dem Proletariat eines aus. Was die Hunde auf dieser unsäglichen Liste eint, ist weder eine spezielle Aggressivität, Beißfreude oder gar Menschenhass, sondern ihre Geschichte. Es sind Rassen, die einst für den Kampf in der Arena oder Hundegrube (engl.: *pit*) gezüchtet wurden, wo zwielichtige Gestalten ihre Hunde um Geld gegeneinander kämpfen ließen und mit Wetten Geld gemacht wurde. In den Kampfhunde-Pott wurde zusätzlich der Rottweiler geworfen, eigentlich ein Hund, der ursprünglich Vieh zusammentrieb und es beschützte und der später als Gebrauchshund für Polizei und Militär Verwendung fand. Es sind Rassen, die bullig und stämmig sind und mit einer rasselnden Eisenkette um den Hals Eindruck schinden. Es sind Rassen, die ein wenig gefährlich und verrucht aussehen sollen, damit andere Leute vor ihnen Respekt haben. Diesen Respekt wollen die Besitzer auf sich übertragen sehen. Oft sind das Menschen, die auch selber ein wenig bullig und stämmig daherkommen, teils wegen eines Bierbauchs, teils durch Bemühungen in der Kraftkammer. Es sind oft Menschen, die ebenso gerne schwergliedrige, glänzende Ketten um den Hals tragen. Solche Leute haben selten auffrisierte Pudel, geschniegelte Dackel oder zerbrechliche Malteser, im Gegensatz zur bürgerlich intellektuellen Anwalt-, Ärzte-, Weltwirtschaftler- und Managerschaft in der City und den Villenbezirken an den Hängen des Wienerwaldes oder der »Speckgürtel-Peripherie« anderer Städte. Mit solchen Listen kann man also gezielt sozial Tiefergestellte treffen. Ein bisschen Kollateralschaden nimmt man für dieses »Eins-Auswischen« offensichtlich in Kauf, denn solche Hunde sind natürlich nicht auf irgendeine fiktive Unterschicht beschränkt. Pit-Hunde sind viel ruhiger, ausgeglichener, kinderlieber und freundlicher als ihr Ruf. Der Humanmediziner und *Wuff* Herausgeber Hans Mosser ist ein großer Fan der American Staffordshire Terrier, der deutsche Hundeexperte und Gründer des Kynos-Verlags Dieter Fleig züchtete nicht nur Bullterrier und Bullmastiffs, sondern hatte auch eine Stiftung, die behinderten Menschen Assistenzhunde zur Verfügung stellte. Ein Bekannter hat einen Staff, trainiert mit ihm zum Beispiel Frisbee-Fangen und ist ein toller Hobby-Fotograf. Seine Bilder, wo dieses Muskelpaket athletisch aufsteigt, um die Wurfscheibe zu erreichen, sind genial.

Unsere Ex-Nachbarin hatte immer wieder ein weißes Bullterrier-Mädchen ihrer Mutter zur Obhut. Wenn sie freundlichen Menschen begegnete, rollte sich dieser Hund auf den Rücken, ließ sich am Bauch kraulen und schnurrte dabei wie eine Katze. Mit den sachlich und fachlich unakzeptablen, kontraproduktiven »Kampfhund«-Diskussionen, -Listen und -Gesetzen trifft man auch diese Leute und ihre Hunde und nicht nur das Zielpublikum, das solch einen hinterhältigen Angriff genauso wenig verdient. Man macht damit allen verantwortungsbewussten und informierten Hundehaltern, die viel Zeit und Arbeit in eine ordentliche Sozialisation und Erziehung der Hunde gesteckt haben, alles zunichte, meint Irene Sommerfeld-Stur. Sie bezeichnet die Gesetze als tierschutzrelevant, da sie den Hunden schaden und ihre Lebensqualität einschränken.

Schon als in Wien 2010 Rasselisten eingeführt wurden, schrien alle Experten verzweifelt bis verärgert auf, denn es gab keine rationale Grundlage für diese willkürliche Aufzählung einzelner Rassen. Deutsche Schäferhunde werden stets geflissentlich ausgelassen, obwohl sie so ziemlich alle Bissstatistiken mit Respektabstand anführen. Das mag wohl erstens daran liegen, dass diese Hunde quer durch die Bevölkerung beliebt sind und man nicht zu viele Hundebesitzer vergraulen wollte. Zweitens sind viele Schäferhunde im Polizeidienst und haben eine starke Lobby hinter sich. Dafür schaffte es ein recht kleiner Hund auf die Liste, mit dem es in der Vergangenheit eigentlich keine berichtenswerten Zwischenfälle gab: Der Staffordshire Bullterrier. Hier wurde wohl einzig und allein der Name dem anhänglichen Terrier mit der bewegten Geschichte zum Verhängnis. Staffordshire Bullterrier wurden von den Bergleuten Mittelenglands gezüchtet und lebten mit den Arbeiterfamilien auf engstem Raum in den kleinen Wohnungen zusammen. Deshalb durften sie weder allzu groß werden noch irgendeine Aggression gegenüber den Familienmitgliedern inklusive der kleinen Kinder zeigen, was sie zu sehr menschenfreundlichen Hunden machte. Wie bei den österreichischen und deutschen Pinschern, die freilich nicht auf der Liste stehen, war ihre Aufgabe zunächst, Ratten zu jagen und zu vertreiben. Bald gab es Wettkämpfe, das sogenannte »Rattenbeißen«, bei dem der Hund gewann, der in einer kleinen Arena am meisten Ratten tötete. Ab circa 1810 züchteten manche Arbeiter die damals noch Bull-and-Terrier genannte Rasse auch für den Kampf Hund gegen Hund in Englands Grafschaft Staffordshire, von der sie später ihren Namen bekamen. Ein erfolgreicher Hund war für seinen Besitzer ein kleines Statussymbol, und dieser konnte durch gewonnene Kämpfe und den Verkauf von Welpen sein mickriges Gehalt aufbessern. Kurz darauf, anno 1835, verbot England jedoch als erstes Land Europas Tierkämpfe. Von 250 Jahren »Rassegeschichte« war der kleine Terrier also wenige Jahrzehnte »Kampfhund«, den Rest ausschließlich Familienmitglied. Laut Fédération Cynologique Internationale (FCI), dem größten Dachverband für Rassehundezüchter, gehören Intelligenz sowie eine ausgesprochene Menschen- und vor allem Kinderfreundlichkeit zu den primären Zuchtzielen. Diese kleinen »Rattler« finden sich also auf einer Liste gefährlicher Hunde, während die die Beißstatistiken anführende Rasse ausgespart wurde.

Die aktuellen Vorfälle zeigen, dass die willkürlichen politischen Maßnahmen nicht funktionierten. Trotz strikter Law-and-Order-Politik wurde ein Kind auf offener Straße von einem Rottweiler (Listenhund) totgebissen, und ein Kleinkind lag nach einem Dackelbiss (kein Listenhund) im Gesicht im Koma. Die Politik übt sich aber nicht in Einsicht, sondern verstärkt mit den neuen Gesetzen ihre kontraproduktiven Anstrengungen. Die Experten sind sich einig, dass sie zu einer Verschärfung der Lage, vielen Konflikten und Hundehass führen. In der Hundewelt mit all ihren Facetten, Intrigen und Tausenden

Meinungen ist diese Einhelligkeit einzigartig. Schon jetzt berichten Besitzer von Listenhunden, dass sie in der Öffentlichkeit angepöbelt werden, obwohl ihre Hunde mit Leine und Maulkorb gesichert sind. Eine Null-Toleranz-Politik macht Hundehalter in Wien seit Neuestem zu halben Verbrechern. Für die Besitzer der betroffenen Rassen und ihre Hunde ist diese Liste wie ein Damoklesschwert, das über ihnen baumelt. Beißt der Hund einen Menschen, ist das sein Todesurteil. Bei jeder »schweren Körperverletzung« wird er nämlich Kraft des Gesetzes ohne Einspruchsrecht eingezogen und eingeschläfert. Ob dies auch passiert, wenn ein überfreundlicher Hund jemanden umstößt und sich der Betroffene einen Knochen bricht, ist unklar, denn auch Knochenbrüche gelten vor dem Gesetz als »schwere Verletzungen«. Hundebesitzer müssen in Zukunft in der österreichischen Hauptstadt jedenfalls äußerst vorsichtig sein. Die Experten rechnen weiter damit, dass dies zu keinem friedlichen Miteinander führt. Die bestehenden Gegensätze werden sich verschärfen und Konflikte viel schneller eskalieren als zuvor. Sie raten Hundehaltern »sorgsam mit ihren Hunden umzugehen und Kontakte mit fremden Menschen oder Hunden zu meiden«. Was für eine schöne, lebenswerte Stadt für den besten Freund des Menschen.

Dabei hätten die Leute im Rathaus bloß einen Blick in den so oft hochgelobten Norden werfen sollen, wo man denselben Bockmist gebaut hat, aber bereits klüger geworden ist. Aus Dänemark, das eines der restriktivsten Rassehundegesetze hat, wird immer wieder vermeldet, dass diese Art von Gesetzen nicht funktioniert und nichts bringt.

2010 trat in Dänemark das wohl restriktivste Hundehaltungsgesetz Europas in Kraft. Die Politiker wollten damit die Zahl der Bissvorfälle verringern, genauso wie es derzeit im deutschsprachigen Raum der Fall ist. Sie machten eine simple Liste mit dreizehn Hunderassen, die ihrer Meinung nach am gefährlichsten waren. Solche Hunde durften nicht mehr gezüchtet, eingeführt, oder gekauft werden. Alle lebenden Hunde von zwei der dreizehn Rassen, nämlich Pitbull Terrier und Tosa Inu, wurden den Besitzern weggenommen und getötet. Die damals in Dänemark wohnenden Hunde der anderen elf betroffenen Rassen durften weiterleben, müssen in der Öffentlichkeit aber immer einen Maulkorb tragen und an der Leine geführt werden. Dasselbe gilt für Hunde der betroffenen Rassen von Touristen und Durchreisenden. Beißt ein Listenhund in Dänemark, ist er tot, egal ob er einem Einheimischen oder Ausländer gehört. Die einfache Annahme hinter dem Gesetz war: Es gibt gefährliche Hunde, die oft beißen. Gibt es sie nicht mehr oder macht man ihnen ein Zubeißen unmöglich, gibt es weniger Bissunfälle. Es gibt mittlerweile mehrere Studien aus Dänemark, die zeigen, dass dies seit der Einführung der »rassespezifischen Gesetzgebung« 2010 nicht der Fall ist. Einige davon wurden aber kritisiert, weil ihre Methoden mangelhaft waren. Nun hat aber ein Wissenschafterteam rund um Finn Nilson vom Zentrum für öffentliche Sicherheit der Universität Karlstad in Schweden eine lupenreine Arbeit geliefert und mit Daten aus der drittgrößten dänischen Stadt Odense gezeigt, dass es trotz der neuen Gesetzgebung genauso viele Beißunfälle im öffentlichen Raum gibt wie früher. Die Forscher haben die Daten von Patienten ausgewertet, die zwischen 2002 und 2015 mit Bissverletzungen im Odenser Krankenhaus behandelt wurden. Von 2622 Vorfällen passierten 1748 auf Privatbesitz und nur 874 im öffentlichen Raum. Das zeigt schon einmal, dass der Leinen- und Maulkorbzwang für Listenhunde in der Öffentlichkeit nur eine Minderzahl der Fälle verhindern könnte. Doch nicht einmal das geschah. Weder auf privatem noch auf öffentlichem Grund gab es statistisch signifikante Unterschiede in der Bisshäufigkeit. Auf Deutsch: Obwohl man zwei Rassen ausgerottet und die anderen zu Auslaufmodellen degradiert und »maulfest« gemacht hat, gab es genauso viele Verletzte wie vorher. »Folglich legt die vorhandene Evidenz nicht nahe, dass das Gesetz einen Einfluss auf das Ausmaß der Hundebisse in Odense, Dänemark hatte«, schrieben die Forscher in ihrer Studie. »Rein theoretisch könnte man das Fehlen eines Effekts als Überraschung ansehen, immerhin haben die verbannten Rassen den Ruf, besonders aggressiv zu sein«, spötteln sie: Das könne vielleicht daran liegen, dass es einfach keine wissenschaftliche Evidenz dafür gibt, dass bestimmte Rassen höhere Aggressionsraten zeigen als andere. Besser als rassespezifische Gesetze wären vielleicht solche, die für alle gelten, also zum Beispiel auch für die bekannte »Hochrisiko-Rasse« Deutscher Schäferhund, und Ausbildungsprogramme für Mensch und Hund. Wenn überhaupt, sei das Risiko für Hundebisse nicht mit unterschiedlichen Rassen gekoppelt, sondern eher mit den Besitzern, so die Forscher.

In Dänemark hat sich also gezeigt, dass die rassespezifische Gesetzgebung nichts bringt. Ebenso gibt es eine Studie aus Holland, in der die Forscher feststellten, dass die Anzahl der Beißvorfälle mit den verschiedenen Rassen in erster Linie davon abhängt, wie viele Hunde es jeweils im Land gibt. Die Politiker beendeten daraufhin dort die Rassegesetzgebung. Auch in manchen deutschen Bundesländern hat man beobachtet, dass sie nicht zielführend ist, und schaffte sie ab. In Österreich hat man aber soeben mit zehnjähriger Verspätung eine als widerlegt geltende Politik nachgeahmt. Auf einen empörten Ruf der Öffentlichkeit hin machte man schnell populistische Gesetze, die jeglichem Expertenwissen und der Studienlage widersprechen. Dabei reiche die bisherige Gesetzgebung völlig aus, wenn sie entsprechend umgesetzt und kontrolliert würde, meint Sommerfeld-Stur. Wo viele Menschen sind, sollten Hunde auch Maulkörbe tragen – aber eben alle, und nicht nur bestimmte Rassen. Natürlich gebe es auch Leute, die ihre Hunde unkontrolliert durch die Gegend laufen lassen und dies lachend mit einem »Der tut nix« oder »Der will nur spielen« abtun. Diese Leute haben aber meist keine »Listenhunde«. Wenn man vermeintlich gefährliche Hunderassen in eine Liste steckt, impliziert das gleichzeitig, dass alle anderen eher harmlos sind, und man begünstigt damit unverantwortliches Verhalten ihrer Besitzer. Gewiss gibt es unter den Listenhund-Eignern sicherlich den einen oder anderen, der sein Ego mithilfe eines stigmatisierten »Kampfhunds« aufpolieren will. »Aber man straft doch auch nicht alle Männer prophylaktisch, weil es ein paar Vergewaltiger gibt«, erklärt Sommerfeld-Stur. Der Großteil der Hundehalter hält sich an die Gesetze und sorgt dafür, dass sein Liebling niemanden gefährdet oder belästigt und trotzdem ein artgerechtes Leben führen kann. Die Grundlage dieses Gesetzes ist im Grunde purer Rassismus. Dieser sollte heutzutage obsolet sein.

BISSE BEI KINDERN – NICHT-LISTENHUNDE VERWEISEN »KAMPFHUNDE« AUF DIE HINTERSTEN PLÄTZE

Eigentlich bräuchte man gar nicht nach Dänemark zu schielen, um deren unsinnige Gesetze nachzuahmen und erst später wie die Damen und Herren im Norden eines Besseren belehrt zu werden. Eigentlich könnte man aus einer Studie lernen, die Mediziner der Universität Graz bereits im Jahr 2006 in der Fachzeitschrift *Pediatrics* veröffentlichten, also bevor im deutschsprachigen Raum und in Dänemark die unsäglichen Rasselisten populär wurden und Einzug in die Gesetzgebung fanden. Sie werteten die Krankengeschichten von Kindern und Jugendlichen bis 16 Jahre aus, die mit Bissverletzungen an die Grazer

Universitätsklinik gekommen sind. Der wohl wichtigste Punkt der Studie, der aber selten erwähnt wird, ist, dass Hundebeißverletzungen bei Kindern im Vergleich zu anderen Verletzungen verschwindend selten sind. Lediglich 0,05 Prozent aller Kinderbesuche auf der Unfallstation waren wegen Hundebissen. Zum Vergleich ein paar österreichweite Zahlen vom Forschungszentrum für Kinderunfälle aus den Jahren 2013 bis 2015: Softbälle brachten je nach Altersklasse bis zu 29 Prozent der jungen Patienten auf eine Unfallambulanz, Klettergeräte bis zu fünf Prozent, Schaukeln vier Prozent, Fahrräder und Skateboards je zwei Prozent, Naturrasen und Ski je ein Prozent. Während jährlich in Österreich etwa 500 bis 1000 Kinder mit Hundebissen zur Behandlung in die Spitäler kommen, brauchen 52 000 eine ärztliche Behandlung, weil sie sich durch mangelhafte Wohnungseinrichtungen verletzt haben. Rutschende Teppiche und stürzende Bücherregale sind also weit gefährlicher als Hunde jeglicher Rasse, schaffen es aber dennoch viel seltener in die Schlagzeilen.

Laut den Grazer Forschern verursachten Deutsche Schäferhunde die meisten Bisse, nämlich 34 Prozent, gefolgt von Mischlingen mit 13 Prozent. Alle anderen Rassen, also auch sämtliche »Listenhunde«, rangierten im einstelligen Prozentbereich. Es gibt aber auch sehr viel mehr Schäferhunde und Mischlinge als Pitbulls und Rottweiler, entgegnen die Funktionäre des Vereins für Deutsche Schäferhunde reflexartig auf solche Studien. Das stimmt. Darum berechneten die Mediziner aus Graz für die Rassen jeweils einen »Risikoindex«, sie dividierten dazu einfach die Zahl der Hundebisse einer Rasse durch ihren Anteil an der gesamten Hundepopulation. Die Mischlinge wurden dadurch vollkommen entlastet. Die hohe Zahl ihrer Beißvorfälle war ausschließlich auf ihre weite Verbreitung zurückzuführen, fast ein Drittel der Grazer Hunde waren nämlich Mischlinge. Im Vergleich zum Durchschnitt aller Rasse- und Nichtrassehunde beißt ein Mischling demnach sehr selten. Der durchschnittliche Risikoindex ist 1. Beißen die Hunde einer Rasse doppelt so oft, ist ihr Risikoindex 2, schnappen sie halb so oft zu, liegt er bei 0,5. Bei Mischlingen beträgt der Risikoindex 0,46. Schäferhunde wurden hingegen wissenschaftlich fundiert belastet. Ihr Risikoindex beträgt 2,8. Sie führen die Liste vor Dobermännern (2,7) an, gefolgt vom Spitz (1,8), Pekinesen (1,6) sowie Dackel, Schnauzer, Collie und Basset (je 1,3). Pudel bissen durchschnittlich oft (1), alle anderen Hunderassen lagen unter dem Durchschnitt, wie zum Beispiel Rottweiler mit 0,9, Beagles (0,8) und Terrier inklusive sämtlicher »Kampfhunde« (0,6). Während also alle Listenhunde äußerst selten zugeschnappt haben, ist keine derjenigen Hunderassen, die Kinder überdurchschnittlich krankenhausreif bissen, auf einer Liste in Wien, Deutschland, Dänemark oder sonst wo. Die Wissenschafter haben demnach, schon bevor diese Listen erstellt wurden, gezeigt, dass die sogenannten Kampfhunde keine überdurchschnittliche Gefahr sind. Wenn schon, müsste man ganz andere Rassen an den Pranger stellen. Doch auch davor warnen die Experten. Eine Rassenstigmatisierung hätte genauso wie bei Listenhunden auch bei Schäferhunden, Dobermännern und anderen »Hochrisiko-Rassen« keinen Sinn, denn in sämtlichen vorliegenden Studien wurden die Besitzer außer Acht gelassen. Das kann man aber den Verfassern nicht vorwerfen, denn über die Hundebesitzer liegen so gut wie keine Daten vor.

Natürlich ist jeder Biss das Ergebnis eines Fehlers des Halters, meint Kurt Kotrschal: »Staffs werden nun mal eher von Leuten aus anderen sozioökonomischen Schichten gehalten als etwa Pudel. Der Fokus auf den Hund allein bringt daher nichts, das Ganze braucht einen systemischen Ansatz.«

Die Grazer Forscher fanden außerdem heraus, dass die Kinder in drei Vierteln der Fälle den Hund schon vor dem Unfall kannten, denn es war der eigene, der vom Nachbarn oder eines

Freundes. Viel seltener wurden Kinder von fremden Hunden gebissen, nämlich in 15 Prozent der Fälle. Bei den restlichen zehn Prozent konnten die Wissenschafter eine mögliche Bekanntschaft zwischen Täter und Opfer nicht eruieren. Die in den Zeitungen und sozialen Medien Aufmerksamkeit erregenden Fälle, wo ein Kind auf offener Straße von einem fremden Hund gebissen wird, sind also die seltene Ausnahme.

DIE BEISSSTATISTIKEN SIND ALLE SCHROTT

Beißstatistiken gibt es wie Sand am Meer, doch sie alle haben eines gemeinsam: Eine sehr beschränkte Aussagekraft. Das ist noch sehr höflich ausgedrückt. Es gibt eigentlich laut Experten keine einzige, die den wissenschaftlichen Ansprüchen genügt. Daran sind nur begrenzt die Forscher schuld, die sie verfasst haben. Das Problem ist: Es gibt keine brauchbaren Daten. Hundebisse werden nirgendwo umfassend statistisch erfasst. Es gibt ein paar Zahlen aus Krankenhäusern, aus Polizeidaten oder von Tierarztpraxen, aber nirgendwo sind die Fallzahlen hoch genug und die Daten so gut aufgeschlüsselt, dass man mehr als ungenaue Trends daraus ablesen kann. Die Studie der Grazer Mediziner gehört noch zu den aussagekräftigsten, aber auch sie hat Lücken. Sie konnten natürlich nur jene Bisse erfassen, die bei ihnen im Spital landeten. Wer die Wunden selbst versorgte oder zum Hausarzt damit ging, fehlt in der Statistik. Laut Schätzungen lassen gerade einmal zwei bis vier Prozent der Gebissenen die Wunden im Krankenhaus untersuchen und behandeln. Alle anderen verarzten sich selbst. Das verzerrt die Daten. Leute, deren Kinder von »großen, bösen, fremden Hunden« verletzt werden, gehen wohl eher mit ihnen ins Spital, als dass sie ihnen selber Jodsalbe und ein Pflaster verpassen, wie sie es vielleicht machen, wenn der eigene Pudel, Golden

Retriever oder Dackel beim Spielen zuschnappt. Genauso wie die anderen Studien ist also auch diese nicht vor Rassestereotypen gefeit. Außerdem weiß niemand wirklich, wie viele Hunde der verschiedenen Rassen wo leben. Bei Weitem nicht alle Hundebesitzer haben ihre Hunde bei der Behörde registriert, und viele können nicht einmal sagen, welcher Rasse ihr Hund angehört. Die Grazer Forscher waren auch bei der Zuordnung der Rassen ein bisschen schlampig oder konnten nur auf schlecht aufgeschlüsselte Daten zurückgreifen. So fassen sie zum Beispiel in der Klasse »Terrier« vollkommen unterschiedliche Rassen wie die kleinen, drahtigen Jagdterrier und die großen, muskulösen Pit-Terrier zusammen. Bei den Schäfern wiederum kann man davon ausgehen, dass hier nicht wenige Mischlinge inkludiert wurden, die von den Besitzern »aufgewertet« wurden.

Bei anderen Studien ist die Datenlage meist noch schwächer. Es gibt zum Beispiel eine Polizeistatistik, wie viele Hunde wegen »Schädigung von Menschen oder Tieren« mit der Schusswaffe getötet wurden. Das passiert natürlich nicht oft, darum ist die Fallzahl mit 34 sehr niedrig. Sechzehn Deutsche Schäferhunde wurden erschossen, fünf Pit Bulls, drei Boxer, je zwei Rottweiler und Berner Sennenhunde und je ein Wolfsspitz, Windhund, Bernhardiner, American Staffordshire Terrier und eine Dogge. Außer, dass wieder einmal Schäferhunde die Liste mit Respektabstand anführen, kann man daraus nur ableiten, dass die Polizei nur auf große Hunde schießt, was ja durchaus nachvollziehbar ist. Bei den Schäferhunden kann man wieder einmal nicht sagen, ob es an ihrer großen Zahl oder an ihrer Bissigkeit liegt und ob sich die Beamten vielleicht vor ihnen mehr fürchten als vor einem Windhund oder Sennenhund.

Des Weiteren gibt es Übersichten, wie viele Hunde von Tierärzten euthanasiert werden, weil sie bissig waren. Teils sind auch hier die Fallzahlen mickrig, zum Beispiel aus einer einzigen Kleintierpraxis. Teils arbeiten sie sogar mit sehr umfangreichem Material, wie zum Beispiel bei einer Studie mit Daten aus ganz Dänemark. Die Hunde mit erhöhtem »Wegmach«-Risiko waren wieder einmal fast alle groß, sonst kann man aber keine Gemeinsamkeiten ausmachen unter: Bernhardinern, Belgischen Schäferhunden, Chow-Chows, Rottweilern, Mischlingen, Pinschern, Cocker Spaniels, Deutschen Schäferhunden, Pudeln und Samojeden. Die Autoren räumten außerdem ein, dass aus ihren Ergebnissen nicht ersichtlich ist, ob diese Rassen vermehrt beißen oder nur beim Auftreten solcher Probleme eher euthanasiert werden. Und wie bei fast allen Studien gibt es hier nur absolute Zahlen. Häufige Hunde sind also darin häufiger vertreten als seltene.

Noch mehr fehlen in all diesen Beißstatistiken sämtliche Angaben zu den Besitzern, denn diese Daten gibt es nirgends. Die Besitzer prägen aber das Verhalten der Hunde maßgebend.

AGGRESSION – DACKEL, DACKEL UND SCHON WIEDER DACKEL

Weil es faktisch unmöglich ist, zu brauchbaren Daten über Hundebisse für brauchbare Studien zu kommen, haben US-amerikanische Forscher jenes Phänomen direkt untersucht, das meist zum Zuschnappen führt: Aggression. Sie befragten fast 10 000 Hundebesitzer zum Verhalten ihrer Vierbeiner in verschiedenen Situationen. Sie ermittelten, wie oft die Hunde verschiedener Rassen nach anderen Hunden, fremden Menschen und den Besitzern geschnappt haben und ob sie dies eher aus Angst oder aus Übermut getan haben. Wie in allen solchen Studien berichten sie, dass die allermeisten Hunde dies niemals tun. Nur einer von fünfzig Hunden hat irgendwann in seinem Leben schon einmal nach einem Fremden oder anderen Hund geschnappt, und nur einer von hundertfünfzig nach dem Besitzer. Dass die Aggression gegenüber den Besitzern extrem selten ist, ist nachvollziehbar: Die wenigsten Menschen werden Hunde für die Zucht auswählen, vor denen sie sich selber fürchten müssen. Außerdem beißen normale Hunde wohl selten die Hand, die sie füttert. Aggression gegenüber fremden Menschen und anderen Hunden kam gleich oft vor, aber es waren teils verschiedene Rassen, die eher Menschen oder eher Hunde attackierten. Es scheint also, dass Aggression gegen Menschen und gegen Hunde zwei Paar Schuhe sind. Manche Hunde besitzen beide, manche nur eines davon. Dackel zeigten sich gegen Fremde am aggressivsten, gefolgt von Chihuahuas und Pudeln, Rottweilern, Yorkshire Terriern, Dobermännern, Australian Shepherds, Australian Cattle Dogs und Deutschen Schäferhunden. Huskys, Golden und Labrador Retriever, Berner Sennenhunde sowie Windhunde waren am anderen Ende der Skala, also die freundlichsten Hunde. Die Forscher konnten also den gängigen Witz wissenschaftlich untermauern, dass Retriever den Einbrechern helfen, die Wertgegenstände aus der Wohnung zu schaffen, anstatt sie zu vertreiben. Verlassen sollten sich diese aber nicht darauf. »Die Variation innerhalb einer Rasse ist riesig, daher kann man Aggression nicht verlässlich bei einzelnen Hunden vorhersagen, sondern nur tendenzielle Aussagen treffen«, so die Forscher. Die gegen andere Hunde aggressivsten Rassen waren Dackel und Akita Inus, sie verwiesen West Highland Terrier, Pitbulls, English Springer Spaniels, Australian Shepherds, Australian Cattle Dogs, Chihuahuas und Deutsche Schäferhunde auf die Plätze. Windhunde, Retriever, Collies und Berner Sennenhunde kamen hingegen am besten mit Artgenossen zurecht. Die gegen die Besitzer am häufigsten aggressive Rasse waren: Dackel. Außer ihnen fielen dabei wieder die Chihuahuas schlecht auf, sowie Australian Shepherds, Cocker und English Springer Spaniels. Die anderen liebten ihre Besitzer sehr bis abgöttisch.

Die »Gewinner« in allen drei Kategorien sind also die Dackel. Sie geben sich wie fiese Knöchelbeißer und verbellen fremde Menschen, Hunde und sogar ihre Familienmitglieder. Forscher nennen dieses Phänomen »Napoleon-Komplex«. Es hat vermutlich drei Gründe, meinen sie: Erstens ist die Aggression meistens nur eine ängstliche Abwehrhaltung, was bei dem Größenunterschied zwischen Dackeln und Menschen sowie den meisten anderen Hunderassen nicht verwunderlich ist. Sie sehen sich fast immer Riesen gegenüber und müssen sich so fühlen wie ein Mensch unter Elefanten und Nashörnern, oder zumindest Kühen, Büffeln und Pferden. Diese Vorstellung ist ein wenig zum Fürchten, oder? In solch einer Herde würden sich die Menschen wohl auch durch Rufen, Klatschen oder Ähnliches bemerkbar machen, damit sie nicht einfach niedergetrampelt werden. Zweitens lässt man kleinen Hunden wohl eher Aggressionen durchgehen als großen, denn die wenigsten Menschen fürchten sich vor keifenden Dackeln oder Chihuahuas, die meisten aber vor grummelnden Doggen, Rottweilern und Bernhardinern. Drittens ist ihnen die Aggression sicher zu einem Teil angezüchtet. Dackel mussten in Fuchs- und Dachsbauten eindringen, um mit den äußerst wehrhaften Besitzern zu kämpfen. Dafür braucht es freilich einiges an Angriffsbereitschaft.

Was die Forscher auch noch aus ihren Daten herauslesen konnten, ist, dass die typischen »Kampfhunde«, also die Rassen, die ursprünglich in den *pits* (Gruben) gegen andere Hunde kämpfen sollten, in der Regel kaum Aggression gegenüber Menschen zeigen. So fies die Besitzer waren, sie gegeneinander aufzuhetzen, damit sie sich blutig bissen, griffen sie teilweise doch in die Kämpfe ein, um sie zu beenden und ihre gewinnbringenden Lieblinge lebend herauszuholen. Dabei wollten sie freilich keinesfalls gebissen werden.

WAS EIN GEFÄHRLICHER HUND IST

Laut den wissenschaftlichen Studien gibt es also keine gefährlichen Rassen, sondern nur gefährliche Individuen. Weder anhand von Beißstatistiken noch aus Studien zum aggressiven Verhalten von Hunden kann man ableiten, dass ein Mitglied einer bestimmten Rasse gefährlich ist. Ob ein Hund jemanden beißt, ob er jemanden durch ungestüme Begrüßungen zu Fall bringt oder Weidetiere erschreckt, ist eine individuelle Eigenschaft des Tieres, genauso wie es bei Menschen jeglicher Herkunft Mörder und Pazifisten gibt. Allenfalls kann man auch sagen, dass große Hunde aufgrund ihrer Körpermasse und Kraft eher jemandem Schaden zufügen können als kleine. Aber auch ein Dackel kann ein Pferd so erschrecken, dass es durchgeht und seinen Reiter abwirft oder in Panik vor ein Auto läuft.

Was einen Hund genauso wie einen Menschen gefährlich machen kann, ist ein unglückliches Wechselspiel von erblichem Hintergrund, der individuellen Sozialentwicklung und erlerntem Verhalten. Man kann natürlich auch vollkommen bewusst aus einem Hund jeder Rasse einen aggressiven Gurgelbeißer machen, wenn man ihn asozial aufzieht und das gefährliche Verhalten gezielt lehrt. Das ist wahrscheinlich sogar leichter, als einen Hund zu einem verträglichen, ausgeglichenen und in der modernen Welt gut zurechtkommenden Kumpel zu machen. Genauso wie man Hunde auf Mannschärfe abrichten kann, machen Psychopathen übrigens aus kleinen Kindern rücksichtslose Kämpfer und Soldaten. Bei den Hunden kommt vielleicht noch dazu, dass man durch gezielte Zucht besonders aggressive Linien schaffen kann.

Ganz gefährlich ist es auch, wenn manche Besitzer ihrem Hund nicht einmal »Sitz«, »Platz« und Ohne-Ziehen-an-der-Leine-Gehen vermitteln können, aber in einer Schutzhundeausbildung Schärfe antrainieren wollen. Vor allem, wenn sie die Schutz- und Wachhundeausbildung mittendrin abbrechen, ist das brandgefährlich. Laut Forschern sind aber viele hyperaggressive Patienten einfach nur ganz normale Familienhunde, die den Besitzern durch Unwillen, Unkenntnis oder Unfähigkeit entgleiten. Oft sind aggressive Hunde einfach unsicher. Das häufigste Motiv für Aggression ist Angst, ein Angriff ist somit meist eigentlich eine Abwehrreaktion des Hundes nach dem Motto »Flucht nach vorne«. Außerdem gibt es freilich Menschen, die sich nach dem Motto »Pitbulls sind Haustiere, die das Verlangen stillen sollen, den gemeinsten Hund im Block zu besitzen« einen vermeintlichen Kampfhund zulegen und ihn zu einem angsteinflößenden Wesen erziehen, obwohl er in fürsorglicher Obhut genauso zu einem verspielten, kinderlieben Schmusehund hätte werden können.

Ein hochkarätiges Expertenteam hat anno 2000 für das österreichische Parlament erarbeitet, wie man die Gefährlichkeit von Hunden konkret definieren kann. Ähnliche Papiere gibt es aus Deutschland. Die Experten waren sich in allen Fällen einig, dass Rasse dabei kein Kriterium ist. Als gefährliche Hunde bezeichneten die Experten vielmehr solche, die »als Ergebnis einer gezielten Zucht und Aufzucht eine Angriffslust, natürliche Maß herausgehen«. Das kann Goldies genauso betreffen wie Dackel, Schäfer und Rottweiler. Außerdem sei ein wesentliches Merkmal, dass sie Menschen ohne Provokation anspringen und beißen oder dass sie wiederholt gezeigt haben, dass sie unkontrolliert Wild und Vieh hetzen und reißen. Das klingt trivial, aber laut Studien hatte ein Drittel der Hunde, die Menschen beißen, solch eine Vorgeschichte. Sie sind also Wiederholungstäter. Bei ihnen anzusetzen und sie zu sozialisieren oder unsozialen Besitzern wegzunehmen, wäre ein viel sinnvollerer Schritt zur Gefahrenprävention, als vollkommen unseriös Rasselisten niederzuschreiben und die Besitzer solcher Hunde generell zu stigmatisieren und schikanieren.

WELCHES RISIKO GEHT VON MENSCHEN AUS

WARNSIGNALE ABGEWÖHNEN

In vielen »ach so süßen« Internetvideos muss man mitansehen, wie »geduldig und entzückend« so mancher Hund mit Kindern und Erwachsenen umgeht. Sie dürfen ihm mit den Fingern in die Nase fahren, sich auf ihn drauflegen, ihm nachlaufen, an beliebigen Körperteilen wie Rute und Gliedmaßen ziehen, und manchmal leckt er sie dann scheinbar liebevoll ab. Die Besitzer sind überzeugt, dass er nie einem Kind etwas zuleide tun würde. Doch immer wieder gibt es Fälle, wo solche Hunde »unvermittelt und ohne Vorwarnung zubeißen«, und das Vertrauen der Besitzer, dass Hunde mit Verstand gesegnete, berechenbare Lebewesen sind, löst sich in Luft auf. »Die meisten Leute sind der Meinung, Hunde müssen sich an alles anpassen und sich alles gefallen lassen«, sagt Marleen Hentrup. Sie geben sich deshalb keine Mühe, die Situation näher zu beobachten. In der Regel schreit der Hund in seiner Sprache in solchen Fällen sehr laut um Hilfe. Dafür hat er sogenannte »Calming Signals« (Beschwichtigungs-Signale) zur Verfügung. Die norwegische Hundetrainerin und Sachbuchautorin Turid Rugaas hat sie entdeckt, als sie in den 1980er-Jahren die Kommunikation von Hunden untersuchte. Mithilfe dieser Signale entschärfen Wölfe und Hunde innerartliche Konflikte, zeigen sie aber auch im Umgang mit Menschen, um ihnen zu verstehen zu geben: »Tu mir nichts, ich bin dir freundlich gesinnt, aber diese Situation ist unangenehm für mich.« Sie wenden dazu etwa den Kopf ab. Das ist kein Zeichen von Arroganz oder Ähnliches, wie Menschen oft glauben, sondern der Hund signalisiert, dass man ihm zu aufdringlich ist. Auch Schwanzwedeln gepaart mit einem ängstlichen Blick ist eine Bitte um Verschonung. Manchmal schüttelt sich der Hund und versucht damit in gewisser Weise seinen Stress abzuwerfen. Ein weiteres Beschwichtigungssignal ist ein Erstarren. Kann er die Situation nicht einschätzen, steht er oft stocksteif da, um keinen Konflikt durch eine möglicherweise falsch interpretierte Bewegung heraufzubeschwören. Auch ein nervöses über die Schnauze Lecken zeigt Unsicherheit. Manche Hunde reagieren sogar mit Spielaufforderungen, um Situationen zu entschärfen, und meinen damit quasi: Lass uns doch einfach Freunde sein und herumtollen, bevor wir irgendeinen Unsinn provozieren. Manchmal bringen Vierbeiner einfach nur ihr Hinterteil auf den Boden, um eine Situation »auszusitzen« und zu beruhigen. Hier und da heben die besten Freunde des Menschen einfach die Pfote, um zu beschwichtigen. Wird es einem Hund zu wild, legt er sich oft schlichtweg hin. Oder Hunde gähnen, und zwar nicht aus Langeweile, sondern wenn sie zu aufgeregt sind, um sich zu beruhigen. Kratzen ist ebenso meist ein Anzeichen von Stress, und nur selten hat der Hund Flöhe, die ihn gerade in unangenehmen Situationen zwicken. Auch geschieht es oft aus Verlegenheit, und nicht weil es hier gerade so gut riecht, dass Hunde die Nase zu Boden senken und schnüffeln.

In solchen furchtbar anzusehenden Videos, aber auch bei vielen Hunde-Kinder-Begegnungen im wirklichen Leben, kann man diese Körpersprache-Zeichen zuhauf beobachten, also wie die Hunde gähnen, blinzeln, sich über die Nase lecken oder dem anderen unterwürfig ins Gesicht schlecken. Nach vielen weiteren Stufen (siehe nächstes Kapitel) kommt irgendwann eine Warnung des Hundes, er grummelt, zeigt dem Kind die Zähne und knurrt. Dies wird ihm häufig verboten, denn viele Leute sind der Meinung, Hunde dürfen Menschen nicht anknurren. Dem Hund bleibt nichts übrig, als die Situation weiterhin leidend über sich ergehen zu lassen. Wenn der Hund den Besitzer so deutlich warnt, ist dies ein Zeichen, dass eine Unzahl an vorangegangenen Signalen übergangen wurde und man als Mensch mehr als einen Fehler gemacht hat. Doch viele Menschen, die einen Hund haben und sich eigentlich bemühen sollten, ihn zu verstehen, sehen diese Zeichen nicht. Spätestens jetzt sollte man sich zum Beispiel wegdrehen und dem Hund mehr Raum lassen. Bestraft man Knurren oder ein Schnappen, das die vorletzte Stufe der Eskalationsstufen darstellt, weil man meint, der Hund ist aggressiv und dominant, wird er es wahrscheinlich beim nächsten Mal nicht zeigen. Er gibt es auf, dem Zweibeiner zu verstehen zu geben, was ihn bedrückt, und erklimmt als letzten Ausweg die oberste Sprosse auf der Eskalationsleiter. Er beißt zu, weil er am Ende seiner Weisheit angelangt ist, gelernt hat, dass alle anderen Signale nicht beim Menschen ankommen, und keinen anderen Ausweg mehr weiß. »Somit habe ich mir selbst meine tickende Zeitbombe gebastelt«, meint Hentrup. Jeder solcher Biss liegt also am Ende einer Kette von übergangenen Signalen und Fehlinterpretationen. Der Hund hat verzweifelt sämtliche Vorzeichen ausgesendet, die er zur Verfügung hatte, aber die Besitzer waren auf beiden Augen blind dafür. »Dass der Hund auch seine Ruhe braucht, müssen die Kinder eben lernen«, meint Hentrup. Zusätzlich kann man den vierbeinigen Freunden, so wie es bei den Therapiehunden gemacht wird, Schritt für Schritt beibringen, dass Umarmungen und ausgiebiges Streicheln Spaß machen können. Wenn man das verabsäumt, braucht man sich nicht zu wundern, wenn etwas passiert. Ein Wunder ist es eher, dass bei all diesen »Kind vergewaltigt Hund«-Taten nicht viel mehr passiert. Zumindest nicht den Menschen. Wenn man genauer hinsieht, kann man aber erkennen, wie sehr viele dieser Hunde leiden. Sie verfallen in Resignation, die Verhaltensforscher sprechen hier von erlernter Hilflosigkeit. Solche Hunde sind quasi seelisch tot. Es ist eine Pein, wenn man auf Videos oder im Alltag beobachten muss, wie solche Hunde weiterhin bedrängt und gegen ihren Willen liebkost werden und die Menschen sogar noch glauben, der Vierbeiner genießt es.

DIE ESKALATIONSLEITER

Kein Hund beißt also »einfach so«. Ein ernsthafter Biss ist für ihn nur der allerletzte Ausweg aus einer Situation, die ihm extrem unangenehm ist und aus der er schon auf viele andere Arten flüchten wollte. Die britische Organisation der Veterinärmediziner für Kleintiere (BSAVA) verdeutlicht das mit einer »Eskalationsleiter«. Tierärzte müssen die Hunde an allen möglichen Körperstellen angreifen, ihnen Spritzen geben, einen Fieberthermometer in den Hintern stecken, und oft werden die Hunde zu ihnen gebracht, wenn sie Schmerzen haben. Das heißt, die Gefahr ist groß, dass sie den Hund irgendwo berühren, wo es ihm unangenehm ist oder wehtut. Sie kommen ihnen aber auch sonst viel näher, als das die Hunde mit fremden oder kaum bekannten Personen gewohnt sind. Die Hunde können natürlich nicht wirklich verstehen, dass dies zu ihrem Besten ist, selbst wenn ihre Besitzer noch so freundlich beruhigen und ermutigen. Sie wollen vor allem in Ruhe gelassen werden und: Raus! Die Tierärzte müssen also sehr gut wissen, was sie einem Hund zumuten können und was nicht, damit sie nicht ständig gebissen werden. Ihre Dachorganisation hat ihnen deswegen diese Aggressionsleiter zur Verfügung gestellt, an der sie sich orientieren können, die aber für jeden brauchbar ist, der mit Hunden in Kontakt kommt. Die Zeichen der Hunde sind dieselben, egal ob ein Tierarzt mit geladener Spritze auf sie zugeht oder ein Kind sie unbeherrscht bestürmt, um sie zu schmusen und festzuhalten. Auf der untersten Sprosse sind Zeichen, die ein Hund eigentlich fast immer in einer ungewohnten Umgebung zeigt: Er gähnt, zwinkert mit den Augen oder leckt sich mit der Zunge über die Schnauze. Bleibt es dabei, ist der Hund extrem tapfer und der Tierarzt wird sich über den einfachen Patienten freuen. Auf der nächsten Stufe steht ein »Kopf-Wegdrehen«, auf der Dritten ein »Körper-Wegdrehen«, »Hinsetzen« und »Pföteln«. Der Hund zeigt damit an, dass er eigentlich abhauen möchte, aber wenn der Besitzer und Tierarzt behutsam und freundlich mit ihm umgehen und er Menschen grundsätzlich vertraut, ist hier alles noch im grünen Bereich. Die nächste Sprosse ist »Weggehen«, der Hund versucht sich aus der Situation zu schleichen. Hier mischt sich schon ein bisschen Gelb hinzu. Diese Farbe ist auf der nächsten Stufe bereits dominant: Der Hund möchte sich verkriechen und hat die Ohren angelegt. Steht er geduckt mit eingezogenem Schwanz da, ist er schon wieder eine Sprosse höher geklettert. Der Tierarzt wird ihm nun im eigenen Interesse und in dem des Hundes etwas Freiraum und Zeit gönnen, um mit der Situation zurechtzukommen. Eltern oder Begleitpersonen, die ihre Kinder nicht sofort vom Hund wegholen, wenn es so weit gekommen ist, handeln unverantwortlich. Manche Hunde werden als nächste Stufe versuchen, sich herauszuschwindeln und zeigen: Lass mich bitte in Ruhe, ich bin vollkommen harmlos, indem sie sich auf den Rücken legen und die Pfoten abgewinkelt nach oben halten. Spätestens bei der folgenden Stufe wird es ihnen aber ernst: Ihr Körper versteift sich und sie starren denjenigen an, der sie aus ihrer Sicht her bedroht. Die Tierarztorganisation zeichnet diese Stufe bereits dunkelorange. Knurren und Fauchen sind die nächste Sprosse und schon eindeutig im roten Bereich. Hat der Tierarzt keine Zeit und Geduld und kommt trotzdem mit der Spritze, wird der Hund als nächste Stufe nach ihm schnappen. Ganz, ganz oben, als oberste Sprosse, steht ein ernsthafter Biss. Bis es aber so weit kommt, ist schon sehr viel passiert.

Diese Leiter sollte eigentlich nicht nur ein Tierarzt, sondern jeder Hundebesitzer kennen, damit er eine Ahnung hat, wie es um seinen Vierbeiner steht, wobei er es freilich auch ohne solche recht plumpen Hilfsmittel erkennen und berücksichtigen sollte. Am besten wäre es aber, wenn schon die ganz kleinen Menschlinge dies von ihren Eltern, im Kindergarten und in der Schule vermittelt bekämen. Denn anhand dieser Signale auf der »Eskalationsleiter« zeigt ein Hund mehrfach, wenn ihm etwas unangenehm ist und ihn beängstigt. Erst wenn der Mensch diese Signale ignoriert oder nicht erkennt, beißt er irgendwann. Hunde zeigen sie von Natur aus in dieser Reihenfolge, doch wenn die Menschen sie zu oft nicht beachten, überspringen manche Hunde die eine oder andere Sprosse und gehen irgendwann sofort zum letzten Schritt über, weil sie sich nicht mehr anders zu helfen wissen und gelernt haben, dass sie ohnehin nicht verstanden werden. Das passiert aber nicht von heute auf morgen, sondern ist ein lange andauernder Prozess, bei dem die Hunde schon viel Leid erfahren haben. Manchmal sind die Leute zu unwissend und ignorant, um sich mit dem Wesen des Hundes zu beschäftigen, und kennen ihre Zeichen deshalb nicht. Sie wollen Hunde als Statussymbol, weil sie vor allem als Welpen lieb aussehen oder weil die Kinder einmal zu oft gesagt haben: Mama, Papa, ich will einen Hund. Manche Leute glauben aber auch, dass Hunde schlichtweg alles ertragen müssen, was ihnen die Menschen zumuten. Das ist aber falsch. Hunde dürfen auch etwas nicht wollen, und sie sollen das gefälligst zeigen – in ihrem Interesse und zum Schutz der Menschen.

KINDER UND HUNDE –
EINER IST MEISTENS FREUNDLICH

Hunde sind zwar in der Regel kinderfreundlich, umgekehrt funktioniert das aber oft nicht. Manche Kinder bestürmen, bedrängen, sekkieren die Vierbeiner, tun ihnen teilweise weh und lassen sie nicht zur Ruhe kommen. Sie loten die Grenzen der Leidensfähigkeit der Vierbeiner bis aufs Äußerste aus – und manchmal darüber hinaus. Sie haben offensichtlich nicht vermittelt bekommen, dass Tiere keine Spielzeuge sind, sondern Lebewesen, denen man Respekt entgegenbringen muss und deren Bedürfnisse man berücksichtigen muss. Die Leidensfähigkeit, die die besten Freunde des Menschen oft demonstrieren, ist zwar bewundernswert und sicherlich höher als die der Eltern, die das Geschehen auf Video bannen und stolz teilen, aber irgendwann hat sie ihre Grenzen. Dann heißt es wieder einmal: Er war immer so lieb zu dem Kind, doch dann hat er vollkommen ohne Vorzeichen zugeschnappt/geknurrt/gebissen. Vorzeichen, also Fluchtversuche, Beschwichtigungssignale und Übersprunghandlungen und andere körpersprachliche und mimische Ausdrucksweisen für Angst und Unbehagen kann man aber zuhauf in solchen Videos beobachten. Man muss nur hinschauen.

Es gibt aber auch noch einen zweiten Grund, warum Hunde nicht allein mit kleinen Kindern sein sollten: Die Kinder werden von manchen Hunden nicht wirklich als Menschen wahrgenommen, sondern lösen, vor allem wenn sie vor ihnen weglaufen oder krabbeln, einen Jagd- und Beutefanginstinkt aus. Das ist doch auch nicht das, wozu wir unsere Kinder hergeben wollen, oder?

Ein Quatsch ist laut Wissenschaftern auch, was der Hundeflüsterer Cesar Millan bezüglich Dominanz von Hunden versus Kindern von sich gibt: Nämlich, dass Kinder sich Hunden gegenüber Respekt verschaffen und das Alphatier mimen sollen. Sorry, Herr Millan: Nicht einmal der schüchternste Zwergchihuahua akzeptiert einen Windelscheißer als Alphatier.

WIE MAN HUNDE NICHT BEGRÜSST

Hatten Sie als kleines Kind auch eine runzelige Großtante ohne Zähne im Mund oder einen bärtigen Urstrumpfonkel, die bei den zum Glück seltenen Besuchen mit den Worten »ach, du bist ja schon sooo groß geworden« mit ausgebreiteten Armen auf Sie zukamen, so schnell ihre alten Gebeine sie trugen, Sie fest drückten, feucht ins Gesicht küssten, die Haare in die Augen strichen und Sie eine Ewigkeit nicht mehr losließen? Wenn ja, wissen Sie genau, wie es einem Hund geht, der von einem typischen Menschen begrüßt wird. Wir heißen die Vierbeiner gerne nach Primatenart willkommen, was für einen Kaniden ganz schön angsteinflößend und gewöhnungsbedürftig ist. Will man es wie alle anderen so richtig schön falsch machen und den Hunden zeigen, wie rüpelhaft und unerzogen Menschen sind, sollte man unbedingt Folgendes beachten: Bei der Begrüßung beugt man sich weit über den Hund und zieht seine Aufmerksamkeit auf sich, indem man mit der Hand vor seinem Gesicht herumfuchtelt. Wenn er dann eingeschüchtert ist, wie ein Mensch, vor dem sich ein Elefant aufbaut, der mit dem Rüssel vor dem Gesicht hin und her schwingt, dann hat er etwas falsch verstanden. Einen Hund streichelt man am besten von oben flach auf dem Kopf. Dass dies kleine und große Primaten genauso hassen wie die Hunde, ignorieren wir einfach. Wir gehen frontal auf den Hund zu, wie es in der Menschenwelt üblich ist, ob sie es wollen oder nicht. Wenn sie sich unwohl fühlen, weil Hunde bei ihren Artgenossen einen vorsichtigen Bogen machen: falsch verstanden, ihr Pech. Dann umarmen wir sie, weil Primaten das eben so machen. Hunde können ruhig lernen, wozu wir unsere Arme missbrauchen können. Fest drücken hilft auch, sie vor uns angewidert und verschreckt flüchten zu lassen. Wir blicken ihnen fest in die Augen, um ihnen unsere ungeteilte Aufmerksamkeit und Liebe deutlich zu machen. Dass Hunde auf diese Art einander drohen, wissen wir nicht und wollen es auch gar nicht wissen. Unsere Freude drücken wir auch durch lautes Anschreien und Quietschen aus. Ja so ein süßes Hündchen, das muss doch mal gesagt werden. Und zwar laut in ihre Ohren. Sonst verstehen sie es mitunter nicht, obwohl sie das Öffnen der Kühlschranktür aus der hintersten Ecke des Gartens bei geschlossenen Fenstern und Türen wahrnehmen. Es gibt auch Zweibeiner, die einen Hund am Kopf packen und küssen. Wieso sollten sie Vierbeiner weniger liebestriefend behandeln als ihre Artgenossen?

Hätten Sie als Kind eigentlich gerne eine Hundeschnauze mit schönen scharfen Zähnen gehabt, um sie der Tante oder dem Onkel breit grinsend zu zeigen und sie gegebenenfalls spüren zu lassen? Wenn ja, wissen Sie jetzt, wieso der Hund bei einer solchen Begrüßung die Mundwinkel so weit nach hinten zieht. Wenn nicht, machen Sie weiter, aber geben Sie bitte nicht dem Hund die Schuld.

HUND BEGRÜSST SICH SO

Wollen Sie es besser machen oder jemandem erklären, wie eine Begrüßung bei *Canis lupus familiaris*, vulgo Haushund, auszusehen hat? So geht's: Hund sieht sich nicht in die Augen, sondern in das Blau des Himmels. Hund hat alle Zeit der Welt und nähert sich dem anderen in vorsichtigem, individuellem Tempo. Hund zeigt dem anderen die Seite oder sogar den Rücken, denn das wirkt nicht so bedrohlich wie eine Frontalbegegnung.

Hund will an der Brust, seitlich am Körper oder am Rücken gekrault werden, manchmal auch zwischen den Ohren oder unter der Schnauze. Hunde lecken einander zur Begrüßung seitlich und eher von unten das Maul. Das überlassen wir aber den Vierbeinern untereinander. Wenn der Besitzer zustimmt, können wir uns ja stattdessen mit einem Leckerli einschleimen.

DER »TUT NICHTS«-HUND

Manche Hundebesitzer haben einen Vierbeiner, der überhaupt nichts tut! Er kommt hergelaufen und bellt, tut aber nichts, wie sie einem aus der Entfernung versichern. Er kommt hergelaufen und springt einen an, tut aber nichts, wie sie rufen. Er kommt hergelaufen und knurrt, tut aber nicht wirklich etwas, wie sie meinen. Er kommt hergelaufen und schnüffelt an der läufigen Hündin und will ihr aufspringen, das ist aber harmlos, wie sie glauben. Er kommt hergelaufen und keift den angeleinten Hund an, ist aber nur ein bisserl ein feiger Angeber und tut nichts, wie man von ihnen hört. Er läuft einem Radfahrer und Joggern nach, tut ihnen aber nichts, wie sie hinterherschreien. Er kommt angelaufen und schleckt dem verschreckten Kind aus Augenhöhe übers Gesicht, ist aber ganz lieb und tut ganz sicher nichts, kichern sie verzückt.

So manch Hundebesitzer respektiert nicht, dass andere Leute vielleicht nicht von ihrem Hund angebellt, angeknurrt, umkreist, beschnüffelt, abgeschleckt und besprungen werden wollen. So manche Hundebesitzer sind respekt- und verantwortungslos und bringen andere Hundebesitzer in Verruf. So manche Hundebesitzer sollten etwas tun, sodass ihr »Tut nichts«-Hund seinem Namen gerecht wird und fremde Menschen und Hunde in Frieden lässt. So manche Hunde haben leider einen »Tut nichts«-Menschen, der nicht die nötige Verantwortung für sie übernimmt. Diese Hunde sind zu bedauern. Denn sie lernen ihre Grenzen nicht und werden leider viel zu oft »Problemfälle«. Dann sind natürlich sie die Bösen, die immer so liebe »Tut Nichtse« waren.

Liebe Hundebesitzer, bitte tut das euren Vierbeinern nicht an, sondern zeigt ihnen mit Liebe und Respekt, was sie dürfen und was nicht.

DAS WESEN DER HUNDE

ZIEMLICH BESTE FREUNDE – WIE DER HUND AUF DEN MENSCHEN KAM

Die ältesten archäologischen Funde von Hundeknochen bei Menschensiedlungen sind Zehntausende Jahre alt. Es gibt einen Schädelfund aus der Goyet-Höhle in Belgien, der auf 31 700 Jahre vor heute datiert ist, und auch am Wachtberg bei Krems in Niederösterreich wurden die Skelettteile eines Hundes gefunden, die ungefähr 30 000 Jahre alt sind. Dies sind direkte Beweise, dass zumindest hundeähnliche Wölfe schon tief in der Altsteinzeit bei den Menschen lebten. Genetiker schätzen anhand von Erbgutvergleichen, dass es sogar bis zu 100 000 Jahre her sein könnte, dass sich die Wölfe und Menschen einander annäherten. Die Forscher belegten außerdem, dass nur Wölfe die direkten Vorfahren unserer Hunde sind, und nicht etwa Kojoten oder Füchse mitgemischt haben.

Der bayerische Kynologe (Hunde- und Wolfsforscher) Erik Zimen nannte diese Tiere Hauswölfe. Sie waren noch nicht domestiziert (zum Haustier geworden), hatten aber bereits die Scheu vor dem Menschen verloren, lebten mit ihm zusammen und gingen mit unseren Vorfahren eine soziale Bindung ein.

Am Anfang der Beziehung haben sich vermutlich die Hunde »von sich aus« angepasst, indem die natürliche Auslese (Selektion) jene Exemplare der Wölfe bevorzugte, die gut mit den Menschen zurechtkamen. Sie waren wohl weniger scheu, hatten weniger Angst vor den Menschen und reagierten daher in seiner Nähe weniger aggressiv. Dadurch tolerierten die Menschen sie in der Umgebung ihrer Dörfer, und sie kamen an Nahrungsreste heran und waren dort auch vor anderen Tieren besser geschützt. Forscher der Universität Oxford in Großbritannien zeigten, dass die Domestikation des Haushunds mindestens zwei Mal in Europa und Ostasien stattgefunden hat.

Diese Hauswölfe wurden vermutlich in einem »evolutionären Augenzwinkern« zu echten Hunden, wie ein Experiment des russischen Genetikers Dmitri Konstantinowitsch Beljajew zeigt, das er 1952 im Laboratorium für Pelztierzucht in Moskau begann und das noch heute, viele Jahre nach seinem Tod im Jahre 1985, von seinen Kollegen in einer Forschungsstätte in Sibirien weitergeführt wird.

Beljajew domestizierte Silberfüchse für die sowjetischen Pelztierzüchter.»Normale« Füchse sind sehr scheu, selbst wenn sie seit der Geburt an Menschen gewöhnt sind. Sie waren deshalb den Arbeitern gegenüber aggressiv und bissen sie häufig. Zahme Füchse sollten leichter zu handhaben sein, dachte sich der Forscher. Weiters würde die Haustierwerdung die Fruchtbarkeit der Tiere erhöhen. Wölfinnen können nur einmal im Jahr Junge bekommen, Hündinnen sind jedoch in der Regel zweimal im Jahr läufig.

Der Forscher und seine Kollegin Lyudmila Trut, die das Experiment bis heute mitbetreut, ließen wilde Silberfüchse sich paaren und suchten vom Nachwuchs die zahmsten Welpen heraus. Diese verpaarten sie untereinander zur Weiterzucht. Nach gut zehn Generationen hatten sie Füchse, die Menschen schwanzwedelnd begrüßen, ihnen die Hände schlecken und sich auf den Rücken rollen, um sich den Bauch kraulen zu lassen. Sie waren verspielt und duldeten sogar, dass Menschen ihnen direkt in die Augen schauen. Bei wilden Tieren und sogar unter Hunden gilt der direkte Blick als Drohsignal. Die Füchslein folgten ganz ohne Training menschlichen Gesten und Blicken. Sie zeigten also ein Verhalten, wie wir es von heutigen Haushunden kennen.

Zur großen Überraschung der Forscher waren sie nicht nur in kürzester Zeit zahm und domestiziert geworden, sondern noch schneller hatte sich ihr Aussehen ins Hundeähnliche verändert: Nach vier Generationen gab es die ersten Fuchswelpen mit Schlappohren. Bald hatten sie Flecken im Fell wie Border Collies. Ihre Schnauzen wurden kürzer, die Zähne kleiner. Ihre Schwänze ringelten sich. Innerhalb weniger Jahre wurden also aus wilden, scheuen, ranken Füchsen verspielte, zutrauliche, gefleckte und schlappohrige »Hündchen«. Beljajew erklärte sich diese unvorstellbar schnelle Wandlung dadurch, dass die Domestikation nicht die Gene selbst, sondern ihre Aktivität verändert. Das Erbgut wird also nicht durch Mutationen geändert, sondern manche Gene werden einfach populärer und häufiger abgelesen, andere fallen quasi in Vergessenheit. Er hatte dafür Gene für Hormone in Verdacht und konnte ihre Rolle in der Haustierwerdung der Füchse sogar beweisen: Bei den domestizierten Tieren waren die Adrenalinwerte deutlich niedriger als bei wilden Füchsen. Sie hatten also weniger von dem kämpferisch machenden Stresshormon im Blut.

Der russische Genetiker wusste auch schon, dass das Farbpigment Melanin, das für die Färbung von Haut und Fell zuständig ist, sehr ähnlich aufgebaut ist wie Adrenalin. Daher stellte er die These auf, dass Adrenalin auch die Farbstoff-Produktion beeinflussen könnte und die zahmen Tiere daher häufig gescheckt sind. Auch hier sollte er recht behalten: Bei Wildtieren blockiert Adrenalin die Gene, die ein mehrfarbiges Haarkleid zulassen. Fällt der Adrenalinspiegel, »erwachen« die Schläfer. Auch die Schlappohren und hochgeringelten Schwänze sind eine Folge des niedrigeren Stresshormonspiegels.

Bleibt die Frage, warum die bekanntlich von Wölfen abstammenden Hunde heute die besten Freunde des Menschen sind und nicht von Füchsen abstammende »Hündchen«. Sie verfügen nämlich laut neuen Forschungsergebnissen aus Beljajews alter Verhaltensforschungsstation ebenso über ausgeprägte Kommunikationsfähigkeiten gegenüber den Menschen. Sie sind vergleichbar gut trainierbar wie Hunde und freundlich zu Menschen und Hunden. Doch im Gegensatz zu Wölfen und Hunden sind Füchse keine Rudeltiere. Sie wollen sich nicht unterordnen. Sie sind Individualisten ähnlich wie Katzen und haben kein Bedürfnis, von einem Rudelführer angeleitet zu werden. An Leinen gewöhnen sie sich schon gar nicht. Obwohl zum Beispiel die Ägypter schon versuchten, Füchse als Haustiere zu halten, haben sie also gegenüber den Hunden den Kürzeren gezogen, auch wenn man mittlerweile von der russischen Forschungsstation zahme, schlappohrige, gefleckte Füchslein als Haustiere kaufen und nach Amerika oder Europa importieren kann. Noch eine Eigenart könnte gegen die zahmen Reinekes sprechen: Sie haben den Geruch ihrer Vorfahren noch nicht abgelegt. Er ist etwas streng, ein wenig wie Moschus, so Trut.

FÜR IMMER JUNGE MILCHGESICHTER – DIE GEMEINSAME HAUSTIERWERDUNG VON MENSCH UND HUND

Beljajews zahme Füchse haben noch eine andere Eigenschaft mit den Haushunden gemein, die auch wir Menschen teilen und die zahme von wilden Füchsen, Wölfe von Hunden und Menschen von Affen unterscheidet: Eine Verspieltheit bis ins hohe Alter. Das ist keine generelle Eigenart von Haustieren. Während junge Kälber, Fohlen und Kitze wild über die Wiesen tollen, liegen erwachsene Rindviecher und Ziegen meist träge auf der Wiese und erwachsene Rösser stehen wie Statuen herum. Wildtiere sind meist schon gar nicht zum Spielen aufgelegt.

Bei Hunden und Menschen ist es anders. Selbst wenn ältere Hunde mit wehen Gelenken nicht so wild herumtollen wie ein Jungspund, leben manche offensichtlich vor allem dafür, einem Ball hinterherzujagen, eine Frisbee aus der Luft zu fangen oder sich einfach nur vergnügt am Boden herumzuwälzen. Haushunde benehmen sich nicht so wie erwachsene Wölfe, sondern eher so wie junge Wölfe. Sie behalten, genauso wie ihre Besitzer, jugendliche Merkmale nach der Geschlechtsreife bei. Die Wissenschafter nennen Menschen und Hunde deshalb »pädomorph«, also verjugendlichte Varianten ihrer stammesgeschichtlich nächsten Verwandten. Wir sind also quasi kindische Affen und Hunde kindliche Wölfe. Durch das Peter-Pan-Syndrom, das Menschen und Hunde zu ewigen Kindsköpfen macht, sind sie in ihrer ganzen Lebensspanne lernfähiger als Affen und Wölfe und können Veränderungen besser akzeptieren und verkraften. Das machte Menschen und Hunde offensichtlich in der Evolution besonders erfolgreich und diese Gemeinsamkeit ist wohl einer der Gründe, dass sie sich als ziemlich beste Freunde so ausgezeichnet verstehen und miteinander kooperieren.

Nicht nur die für das Verhalten und die Gehirnentwicklung zuständigen Gene haben sich von Wölfen zu Hunden genauso verändert wie von Affen zu Menschen, sondern auch die Verdauungsorgane, fanden schwedische Forscher heraus. Sie haben Erbgut von Hunden unterschiedlichster Rassen und von Wölfen aus verschiedenen Regionen der Erde miteinander verglichen. Viele Gene, die mit dem Fettstoffwechsel und dem Verwerten von Stärke zu tun haben, sind bei Hunden anders als bei Wölfen, berichten sie. Hunde haben zum Beispiel wesentlich mehr Kopien eines Gens, das Vorlage für ein Enzym ist, das Stärke verwertet. Die Menschen wurden mit Beginn der Jungsteinzeit sesshaft und bauten Feldfrüchte an. Durch das viele Getreide hatte ihre Nahrung auf einmal einen sehr hohen Stärkeanteil. Auch bei den Menschen veränderte sich die Verdauung, sodass sie Stärke effektiv verwerten konnten. Tiere, die diese ebenfalls gut verdauen konnten, profitierten von einer Lebensgemeinschaft mit den Menschen. Sie eröffnete ihnen eine neue, recht sichere Nahrungsquelle. Dasselbe gilt für Milchprodukte. Nachdem die Menschen sich Rinder hielten und ihnen die Milch abzapften, entwickelte sich bei ihnen ein Enzym, mit dem sie Milchzucker (Laktose) abbauen können. Auch Hunde können Milchprodukte viel besser verdauen als Wölfe. Laut den Wissenschaftern ist die Fähigkeit, Stärke und Milch zu verdauen, daher sehr wahrscheinlich ein entscheidender Schritt in der Domestikation des Hundes gewesen, der ihnen heute in Zeiten des Überflusses allerdings genauso wie ihren zweibeinigen Kumpels ein Risiko zu Übergewicht und den damit verbundenen Problemen beschert.

DER HUND IST KEIN JÄGER MEHR, GENAUSO WENIG WIE DER MENSCH

Noch etwas haben Hunde und Menschen gemeinsam, was sie so gut wie von allen anderen Tieren unterscheidet: Sie sind zu Spezialisten mit eigenen Berufen geworden. Außer den Mitgliedern weniger verbliebener Jäger- und Sammlervölker in Afrika, Asien und Südamerika, deren Lebensgrundlage die Zivilisation noch nicht zerstört hat, kann sich eigentlich kein Mensch heutzutage allein durchschlagen und ernähren. Jeder hat einen ganz speziellen Beruf und eine Aufgabe in der Gesellschaft, die mehr oder weniger dazu beisteuert, dass die Menschen zu essen, etwas zum Anziehen und sonstige lebensnotwendige Dinge oder Luxusgüter haben. Keiner stellt seine

Lebensmittel, seine Kleidung, seine Behausungen, seine Fortbewegungsmittel und so weiter allesamt selber her. Auch den Hunden hat die Domestikation die Fähigkeiten zur erfolgreichen Jagd und zum auf sich allein gestellten Leben genommen. In verschiedenen Jagd-, Hüte- und Gebrauchshunderassen sind zwar einzelne Sequenzen des Jagdverhaltens erhalten und sogar überbetont, aber kaum ein Hund kann sie alle zusammenfügen. Eine erfolgreiche Jagdsequenz bei Wölfen beinhaltet: Die Beute orten, sie fixieren, sich anschleichen, sie hetzen, sie packen, sie töten, sie zerreißen, sie fressen. Hütehunde wie Border Collies wurden zum Beispiel so gezüchtet, dass sie die Sequenzen des Fixierens und Hetzens besonders gut und gerne ausführen. Die Aufgabe eines Hütehunds ist es, die Leittiere aus der Herde vor sich herzutreiben und damit die ganze Herde in eine gewünschte Richtung zu lenken. Sie machen das genauso wie ein Wolf bei der Jagd. Im Gegensatz zu ihren Vorfahren geben sie sich aber mit einem erfolgreichen Hetzen zufrieden und brechen die Handlungskette dann ab. Vorstehhunde wie Pointer und Deutsch Kurzhaar finden Wild mit ihrem Geruchssinn und zeigen dies dem Jäger an, indem sie völlig erstarrt dastehen, oft mit einem in die Höhe gehaltenen Vorderlauf, und in Richtung der Beute blicken. Dies ist eine instinktive Handlung, die dem Fixieren aus der Jagdsequenz entspricht und zusätzlich trainiert werden kann. Bracken und Beagles verfolgen die Beute mit lautem Gebell, und Apportierhunde wie die verschiedenen Retriever greifen erst nach dem Töten ein und bringen die Beute dem menschlichen Jäger. Die Menschen haben sie zu Spezialisten herangezüchtet, die einzelne Schritte der Jagdsequenz besonders gut können, aber kaum eine ganze Jagd erfolgreich abschließen können, was die Hunde zum Überleben in der Wildnis bräuchten.

MENSCHEN KÖNNEN NICHT OHNE HUNDE LEBEN

Seit der Mensch vor mindestens 35 000 Jahren auf den Hund gekommen ist, kann er offensichtlich nicht ohne ihn leben. Es gibt seitdem keine einzige Kulturform unserer Art *Homo sapiens* ohne Hunde. Manche Forscher spekulieren sogar, dass die Zusammenarbeit mit den Hunden den anatomisch modernen Menschen jenen Vorteil brachte, der uns überleben und die Neandertaler aussterben ließ, denn bei diesen hat man nie Anzeichen gefunden, dass sie Hunde hatten. Wahrscheinlich ist dies aber ein bisschen übertrieben.

Aber wir können annehmen, dass die Hunde in der Entwicklung der Menschheit immer eine große Rolle gespielt haben, erklärt Kotrschal: »Die Aborigines sind auf den ersten Blick eine Ausnahme, denn die Dingos kamen erst viele Tausende Jahre nach ihnen nach Australien. Ab diesem Zeitpunkt spielten sie bei diesen Leuten aber eine riesige Rolle und krempelten ihr ganzes Sozialsystem und ihre Vorstellungswelt um.« Auch die ersten Siedler Nordamerikas, vulgo Indianer, waren zum Beispiel weniger Reitervölker als Hundenationen. Eine Unzahl von Hunden lebte in ihren Dörfern und Lagern, sie meldeten, wenn Fremde oder gefährliche Tiere sich näherten, begleiteten die Krieger und waren vor allem Packtiere. Wenn die Menschen ihre Tipis zusammenrafften und je nach Jahreszeit in andere Gefilde zogen, waren es die Hunde, die ihre Last zogen. Sie bekamen Schleppstangen umgebunden und auf diese Travois wurden die Zelte und das andere Hab und Gut der Menschen geladen. Im Schnitt hatte jede Familie damals etwa 20 Hunde, so Forscher. Die Indianer nahmen ihre vierbeinigen Kumpanen auch auf die Büffeljagd mit, manche Völker bildeten sie für die Jagd auf Biber und Bisamratten aus. Als sie später erstmals Pferde sahen, die spanische Eroberer wieder nach Amerika eingeschleppt hatten und die sich rasch als wilde Mustangs vermehrten, nannten sie diese »Große Hunde« oder »Zauberhunde«. So heißt etwa bei den Lakota (Sioux) Hund »sunka« und Pferd »sunka-wakhan«, also »magischer« oder »mächtiger« Hund, denn der Hundeersatz konnte viel größere Lasten schleppen. Die ursprünglichen, vom Aussehen recht wolfsähnlichen Indianerhunde sahen wohl laut Gemälden und Fotos am ehesten so aus wie heute Australian Shepherds und Huskys. Es gibt sogar Bemühungen, solche Hunde nachzuzüchten, und zwar nennt sich die betreffende Rasse »Native American Indian Dog«.

Genauso wie die einheimischen Amerikaner haben wohl die Steinzeitmenschen in Europa und Asien gemeinsam mit den Hunden gelebt und ihnen nach und nach verschiedene Aufgaben übertragen: Die Siedlungen zu schützen, Dinge auf dem Rücken zu schleppen, Travois und Schlitten zu ziehen, mit ihrer ausgezeichneten Nase die Fährten von Tieren zu verfolgen, kleine Tiere zu jagen und bei der Treibjagd auf große Tiere zu helfen. Später durften sie wohl Vieh hüten. Durch die unterschiedlichen Aufgaben entstanden vor etwa 4000 bis 3000 Jahren unterschiedliche Rassen. Spätestens bei den Römern gab es nachweislich die wichtigen Typen, nämlich Jagdhunde, Wachhunde, Schäferhunde und Schoßhunde. Die Vierbeiner wurden auch in kriegerischen Auseinandersetzungen zwischen Menschen eingesetzt.

Die meisten Rassen, die wir heute kennen, entstanden vor etwa 150 bis 100 Jahren. Vor allem im viktorianischen England war es beliebt, für diese und jene Aufgabe ganz speziell geeignete Hunde heranzuzüchten. Die Grundlage, dass sie verschiedenste Aufgaben meistern können, gab den Hunden ihr Wolfserbe mit. Die genetische Varianz bei den Wölfen ist im Vergleich zu anderen Tierarten sehr hoch, und sie konnten dadurch den halben Erdball mit sehr unterschiedlichen Umweltbedingungen bewohnen. Durch etwa 10 bis 15 Mutationen, so schätzen Forscher, ist die genetische Variabilität bei Hunden noch um einiges höher. Ihre außergewöhnliche Flexibilität und das Bündnis mit »ihren« Menschen machte sie im Vergleich zu ihren Ahnen evolutionär ungleich erfolgreicher. Während es weltweit heute geschätzt 170 000 Wölfe gibt, sind es 500 Millionen Hunde.

SEHNSUCHT NACH WILDHEIT – HALBE BIS GANZE WÖLFE ALS HAUSTIERE

Manche Menschen geben sich nicht mit domestizierten Wölfen alias Hunden zufrieden, sondern wollen das »wilde Original« in der Wohnung sitzen haben. Das ist aus verschiedenen Gründen bedenklich. Die Domestikation hat Hunden nicht nur die natürliche Scheu vor Menschen genommen, sondern sie fühlen sich in ihrer Gegenwart wohl und suchen ihre Nähe. Wölfe gehen lieber auf Distanz, der Kontakt mit Menschen verursacht ihnen Stress. Selbst wenn man sie von Geburt an der Mutter wegnimmt und sie Menschen als Ersatzeltern haben, können sie sich nicht so einfach an einen Zweibeiner binden wie ein Hund. »Ein Wolf ist einfach ein scheues Tier«, erklärt Marleen Hentrup, die jahrelang Trainerin und Ausbildnerin für Wölfe und Hunde am Wolf Science Center im niederösterreichischen Ernstbrunn war. Auch Hunde-Wolf-Mischlinge sind meist scheuer und viel zurückhaltender als »normale« Hunde. Man muss viel mehr Aufwand in ihre Sozialisierung stecken, und selbst dann werden sie kaum so offen und freundlich gegenüber fremden Menschen sein wie Hunde. »Ein Wolfshund ist definitiv nicht der unkomplizierte Familienhund, wie er oft dargestellt wird«, sagt Hentrup. Viele Wölfe haben auch großen Stress, wenn sie an eine Leine gebunden werden. Das ist aber bei Spaziergängen freilich nötig, weil sie auch noch ein ganz anderes Jagdverhalten haben als die domestizierten und für bestimmte Zwecke gezüchteten Hunde. Ihre Gene und Epigene können die gesamte Jagdsequenz noch aus dem Effeff, das heißt, sie haben eine viel größere Chance, einen unbeaufsichtigten Ausflug in den Wald mit einem erfolgreichen Jagdereignis zu küren, als ein Hund. Auch die ohnehin schon problematische Konstellation Hund-Kind ist bei Wolfshunden noch kritischer zu sehen. Im Wolf Science Center bieten die Forscher zum Beispiel keine Wolfsspaziergänge für Kinder an, weil sie befürchten, dass die Jüngsten mit bestimmten Bewegungen zu leicht den Jagdtrieb bei ihren Schützlingen auslösen könnten. Das wäre für die Kinder gefährlich.

Wölfe und Wolfshunde sind auch viel stärker auf ihr Rudel fixiert und fühlen sich davon abhängiger als Hunde. Es kann bei ihnen auch schon ein großes Problem sein, für kurze Zeit allein zu sein. Wolfshunde sind in der Regel ab einem gewissen Alter auch nicht sehr verträglich mit fremden Hunden. Auch das ist ihrem unmittelbaren Wolfserbe geschuldet: Wölfe meiden Begegnungen mit nicht verwandten Mitgliedern von fremden Rudeln, und wenn sie doch einmal aufeinandertreffen, kommt es häufig zum Kampf mit Verletzten und Toten. Man sollte sich also ganz genau überlegen, worauf man sich einlässt, wenn man einen Wolfshund zu Hause haben will. Es ist eine ganz spezielle Rasse mit ganz speziellen Bedürfnissen. Vor allem, wenn man nicht eindeutig verneinen kann, dass man einen Wolfshund nur aus Prestigegründen bei sich haben will, um zu demonstrieren, dass man mit so einem wilden Tier gut umgehen und zusammenleben kann, sollte man es bleiben lassen. Ebenso ist es unverantwortlich, sich einen Wolfshund aus »wildromantischen« Gründen zuzulegen, also um einen Hauch von Wildnis, Freiheit und Urtümlichkeit im Haus zu haben. Wenn Sie auf so was stehen, kauen Sie einfach für eine Zeit lang Steinzeitdiät und stellen Sie sich vielleicht auch einen urtümlichen Ginkgo in den Garten. Wenn der aus mangelhafter Pflege eingeht, ist es schade, und nach Stand der Wissenschaften hatte er dann auch starken Stress, aber empfand kein Leid und keine Schmerzen dabei.

STIMMUNGSÜBERTRAGUNG

Viele Hundebesitzer sind überzeugt, dass ihre Vierbeiner genau über ihre Emotionen Bescheid wissen und dementsprechend reagieren. Forscher der Universität Neapel in Italien konnten jüngst beweisen, dass sich die Stimmung von Menschen auf Hunde überträgt. Sie ließen Versuchspersonen entweder lustige oder angstmachende Filme anschauen und nahmen von ihnen Schweißproben. Diese bekamen ihre Hunde zu schnüffeln. Die Vierbeiner, denen man Horrorfilm-Schweiß zu riechen gab, sandten auf einmal selbst Stresssignale aus, hatten höhere Pulsraten als die Komödienschweißriecher, sie verkrochen sich öfter bei ihren Besitzern und gingen weniger leichtfertig auf Fremde zu. Forscher der Veterinärmedizinischen Universität Wien haben auch nachgewiesen, dass Hunde Emotionen aus menschlichen Gesichtern herauslesen können.

Ist ihr Herrl oder Frauerl in Gefahr, schauen Hunde nicht nur, sondern handeln. Die US-Tierforscherin Julia Meyers-Manor erzählt, dass sie im Spiel einmal um Hilfe gerufen hat, als ihre Kinder sie in Polstern vergruben: »Mein Mann hat mich nicht gerettet, aber mein Collie eilte herbei und befreite mich innerhalb von Sekunden.« Dieser Vorfall brachte sie auf die Idee, einen wissenschaftlichen Versuch dazu zu machen. 34 Hundebesitzer mussten sich hinter Glastüren setzen, durch die sie ihre Vierbeiner sowohl hören als auch sehen und wohl auch riechen konnten. Die Forscherin wies die Leute an, entweder zu weinen oder ein Kinderlied zu summen. Die Hunde eilten zu ihnen und waren dreimal schneller bei ihren Besitzern, wenn diese weinten, als wenn sie sangen. Konnten die Vierbeiner die Türe aufdrücken, verringerte sich ihr Stresspegel, hat die Forscherin gemessen. Offensichtlich waren die Hunde erleichtert, wenn sie etwas tun und zu Hilfe eilen konnten und nicht hilflos zusehen mussten, wie ihre Besitzer traurig waren. Manche schafften es jedoch nicht, die Türe aufzubekommen. Es war aber nicht so, dass sie es nicht intensiv genug versuchten, weil ihnen die Besitzer egal waren. Im Gegenteil, sie waren so gestresst vor Sorge um ihre Zweibeiner, dass sie die Glastüre in der Hektik nicht aufbekamen.

Hunde machen den Menschen sogar sinnlose Sachen nach, wie der Träger des Ig-Nobelpreises (englischsprachiges Wortspiel aus ignoble = unwürdig und Nobelpreis) Ludwig Huber aus Wien festgestellt hat. Diese soziale Leistung schaffen nicht einmal Menschenaffen. In seinen Versuchen wiederholte die Hälfte der Hunde eine nichtsnutzige Handlung, die von ihrer Versuchsperson vorgeführt wurde, nämlich einen Farbtupfen auf einem Blatt Papier zu berühren. »Ähnlich wie bei Kindern scheint das Lernen von Hunden und ihr Kopieren der Bezugsperson ein tiefgreifender sozialer Prozess zu sein«, so Huber. Der Forscher meint, es könnte zwei Gründe dafür geben, dass Hunde die Handlung ausführen: Entweder, sie glauben, dass die Handlung Sinn macht, oder sie wollen die Bindung zur Bezugsperson steigern.

EMOTIONEN AUF VIER BEINEN

Lange Zeit haben viele Wissenschafter geglaubt, Tiere sind gefühllose Automaten mit sehr einfachen Verhaltens- und Denkmustern. So haben es sich zum Beispiel im Jahr 1957 russische Weltraumforscher erlauben können, die Mischlingshündin

Laika – eine Streunerin, die sie auf den Straßen Moskaus eingefangen hatten – ohne Chance auf eine lebende Rückkunft ins Weltall zu schicken. Laika starb in der überhitzten Sputnik Kapsel, so wie ein Hund, den man im Sommer im Auto verrecken lässt. Tierschützer protestierten zwar damals schon, aber man nahm sie nicht ernst. »Die Tierbesitzer haben aber recht, dass Tiere Emotionen besitzen, was die Wissenschaft lange bestritten hat«, erklärte mir der niederländische Verhaltensforscher Frans de Waal. Seine Kollegen seien lange Zeit viel zu vorsichtig gewesen, ihnen menschenähnliche Gefühls- und Denkleistungen zuzuerkennen. Schritt für Schritt kommen die Forscher darauf, dass die Menschen viel weniger von den anderen Tieren trennt als sie mit ihnen verbindet. Viele der einstigen menschlichen »Sonderleistungen« haben sich als gang und gäbe im Tierreich herausgestellt.

Forscher des Max-Planck-Instituts in Leipzig fanden zum Beispiel heraus, dass Hunde begreifen, dass andere Hunde und Menschen Individuen mit eigenen Wahrnehmungen sind. Früher war diese »Theory of Mind« in den Köpfen der Kognitionsforscher eine nur für Menschen reservierte Leistung. Heute weiß man, dass auch zum Beispiel Affen, Delfine, Krähen, Ratten und eben Hunde dies verstehen. Tiere, inklusive Hunde, planen auch in die Zukunft, wie die Wissenschafter anerkennen mussten, selbst wenn sie sich mehr um die Gegenwart scheren und weniger vor der Zukunft fürchten als wir Menschen. Hunde können auch von allen bisher untersuchten Tierarten am besten auf Fingerzeig reagieren, wie Forscher entdeckten. Versteckt man zum Beispiel unter einem von drei Bechern ein Stück Futter, kann man einem Menschenaffen so deutlich, wie man will, mit dem Finger hindeuten, er wird es nicht verstehen und unter irgendeinem, ihm beliebigen Becher nachsehen. Hunde wählen aber bevorzugt jenen, wo der Mensch hinzeigt. Das können die Vierbeiner sogar schon als sechs Wochen alte Welpen. Diese

Leistung ist also wohl angeboren und wurde den Hunden durch die Domestizierung eigen. Sie können auch nach dem Ausschlussprinzip denken. Ein Border-Collie-Star namens Rico merkte sich mehr als 200 Spielzeuge dem Namen nach und apportierte sie auf Aufforderung aus einem anderen Raum. Nannte man ihm einen Namen, den er noch nicht kannte, schloss er richtigerweise, dass es keines von den bisherigen sein kann, und suchte sich ein Neues, das er brachte.

Auch die wichtigste Grundlage des Denkens, mit der sie die Welt verstehen und in ihr zurechtkommen, ist bei Hund und Mensch (und anderen Tieren) identisch, meint der US-Kognitionswissenschafter Douglas Hofstadter. Denken beruht darauf, die Welt in Analogien aufzuschlüsseln, meint er: »Das funktioniert bei jedem Gedanken, den irgendein Tier jemals hat.« Jeder Hund, jede Katze, jedes Eichhörnchen oder Insekt kategorisiert die Welt nach den früheren Erfahrungen, auch wenn sich die Kriterien dafür bei Vier- und Zweibeinern etwas unterscheiden. »Mein Hund kennt zum Beispiel das Wort ›Ball‹«, sagt Hofstadter. »Seine Kategorie ›Ball‹ fällt aber nicht ganz mit jener zusammen, die ich dazu habe. Für ihn ist ein Ball ein Ding, das ihm gehört und mit dem er spielen darf. Es muss nicht unbedingt rund sein, und ich würde manchmal auch ›Gummiknochen‹ dazu sagen. Er macht das aber in diesem Fall nicht falsch, sondern nur anders, nach für ihn relevanten Kriterien.«

Wiener Forscher haben auch bewiesen, dass Hunde einen Gerechtigkeitssinn haben. Wurden sie von Menschen schlechter für eine Aufgabe belohnt als einer ihrer Artgenossen, quittierten sie die Zusammenarbeit.

Der US-Forscher John Bradshaw erklärt in seinem Buch »Hundeverstand«, dass Hunde vielleicht nicht alle Emotionen kennen, die wir Menschen empfinden. Es gibt »Bauchgefühle«, die ohne Warnung kommen, wie Furcht, Zuneigung und Beunruhigung, und »reflexive Gefühle«, wozu man bewusstes Denken braucht, wie Stolz, Schuldgefühle und Trauer. Niemand zweifelt mehr, dass Hunde Beunruhigung, Angst und Zuneigung kennen. Inwiefern sie auf ihre Leistungen oder ihre Besitzer stolz sind, traurig sein können oder ob sie sich gar schlecht fühlen, wenn sie etwas angestellt haben, ist jedoch unklar. Es ist bei vielen Dingen schwer zu eruieren, ob sie ein »authentisches« Verhalten zeigen oder nur gelernt haben, so zu reagieren wie ihre besten Freunde, die Menschen, es von ihnen erwarten. Die britische Forscherin Juliane Kaminsky hat zum Beispiel gezeigt, dass Hunde mehr Mimik zeigen, wenn sie sich von Menschen beobachtet fühlen. Ihnen gegenüber zeigen sie auch den berühmt-berüchtigten »schuldbeladenen Blick«.

DER SCHULDBELADENE BLICK

»Köter« hat wieder einmal etwas angestellt, sein Blick verrät es ihnen, kaum dass sie bei der Tür hereingekommen sind. Große runde Augen, der Kopf gesenkt, die Schultern geduckt, die Ohren hängen hinunter. Sicherlich hat er ein Kissen oder einen Schuh zerfleddert, eine Vase umgestoßen oder Ähnliches. »Er weiß ganz genau, dass er etwas getan hat, das er nicht darf«, glauben viele Hundebesitzer. Irrtum. Sie haben ihm diese Mimik und Gestik einfach nur antrainiert.

Die Kognitionsbiologin Alexandra Horowitz aus New York machte ein cleveres Experiment zum »schuldbeladenen Blick« mit Hunden und ihren Besitzern. Die Leute haben ihren Vierbeinern einen Leckerbissen auf den Boden gelegt, ihnen aber verboten, diesen zu fressen. Dann verließen sie den Raum. Horowitz gab manchen Hunden trotzdem das Futter, manchmal steckte sie es selber ein, und manchmal legte sie auch ein neues Stückchen hin, wenn die Hunde es geklaut hatten. Die

Besitzer wussten nichts von diesen Tricks und glaubten entweder, dass die Hunde folgsam gewesen waren, wenn das Futter noch da lag, oder dass sie es unerlaubterweise gefressen hatten, wenn es fehlte. Sie schimpften dann mit den Hunden oder sahen sie vorwurfsvoll an. Horowitz fand heraus, dass die Hunde schuldbewusst dreinsahen, egal, ob sie den Leckerbissen gegessen hatten oder nicht. Der schuldbeladene Blick war also nicht mit dem verknüpft, was sie getan hatten, sondern mit der Art, wie die Besitzer agierten.

Eine andere US-Verhaltensbiologin namens Julie Hecht machte einen sehr ähnlichen Versuch mit Leuten aus Budapest. Ihre Hunde wurden mit Futter allein gelassen, manche verzehrten es, manche ließen es in Ruhe. Die Forscherin hat die Körpersprache der Hunde genau untersucht, wenn die Besitzer zurückkehrten. Sie fand keine Unterschiede bei der Begrüßung zwischen den Hunden, die das Futter gegessen haben, und jenen, die dies nicht getan haben. Die Besitzer waren auch nicht in der Lage, zu erkennen, ob ihr Hund zugeschlagen hatte oder nicht.

Bereits im Jahr 1977 hat der US-Tierarzt Peter Vollmer einen seiner Klienten einen Versuch durchführen lassen. Dieser beschwerte sich bei ihm, dass sein Hund Nicki öfters Papier zerfetzte, wenn er außer Haus war. Kam er zurück, blickte ihn Nicki schuldbewusst an, er müsse also wissen, dass er etwas Unerlaubtes tat. Vollmer ließ den Klienten selbst Papier schreddern und im Haus verteilen, bevor er den Hund darin für kurze Zeit allein ließ. Die Wohnung war also voller Schnipsel, als er zurückkam, und der Hund war vollkommen unschuldig an diesem Zustand. Trotzdem blickte er seinen Besitzer genauso »schuldbewusst« an, wie wenn er es selbst gewesen war. Warum sah er drein wie ein begossener Pudel, wenn er frei von Schuld war? »Beweisstücke + Besitzer = Ärger«, erklärt der niederländische Verhaltensbiologe Frans de Waal. Die Hunde reagieren also auf ihre aktuelle Umwelt, und nicht auf ihre zurückliegenden Handlungsweisen. Sie wurden in genau solchen Situationen gescholten, also beschwichtigen sie, wenn diese wieder auftreten, um die Spannung aus dem Geschehen zu nehmen. Sie haben Angst oder sind aufgeregt, weil der Besitzer »komisch drauf« ist. Schuldgefühle sind in dieser Gleichung keine Variable, die man miteinrechnen muss. Dafür eine gehörige Portion davon, fremde Schuld auf sich zu laden, um die Situation zu entschärfen.

Unterwürfiges, beschwichtigendes Verhalten ist für Hunde und ihre Vorfahren, die Wölfe, ganz normal und ein wichtiger Bestandteil ihres Repertoires, das Rudelleben friedlich zu gestalten. Das hat nichts mit Einschleimen oder kriecherischem Verhalten zu tun, sondern heißt bei ihnen nur einfach: Komm nun mal bitte runter von deinem verärgerten Trip. Manche Hunde sind Meister im »Friedensstiften«. Vor allem, wenn mehrere Hunde im Haushalt leben, sollte man dies berücksichtigen. Ist zum Beispiel die Abstellraumtüre offen und der Futtersack leergefuttert, heißt das nicht, dass es die Hündin gewesen ist, die einen mit »schuldbewusstem« Blick hinter der Türe empfängt, und der Rüde, der sich cool auf der Couch fläzt, unbeteiligt ist. Er könnte der verfressene »Soziopath« sein, während die Hündin eine immer noch hungrige geborene Friedensstifterin ist.

Es kann also verschiedene Gründe geben, warum Hunde schuldbewusst dreinschauen oder auch nicht. Sie liegen aber in der Regel im aktuellen menschlichen Verhalten und nicht in vorangegangenen Taten oder Untaten der Vierbeiner. All diese Versuche beantworten freilich nicht die Frage, ob sie tatsächlich so etwas wie »Schuldgefühle« kennen. Wenn, dann zeigen sie diese wohl kaum, wenn sie etwas gefressen haben, das herumgelegen hat. Für Hunde ist das nämlich ein ganz selbstverständliches Verhalten und nicht irgendwie »böse«.

HUNDESPRACHE

Hunde sind geborene Körpersprache-Profis. Sie kommunizieren von der Nasen- bis zur Schwanzspitze mit jedem Körperteil – und zwar ehrlich und ohne Lug und Trug. Ziehen sie zum Beispiel die Mundwinkel so weit nach hinten unten, dass sich die Nasenspitze kräuselt und man alle gefletschten Zähne sieht, ist das eine Drohung. Ein manchmal recht einfältig wirkendes »Hundegrinsen«, bei dem die Mundwinkel nach hinten oben gezogen werden, ist hingegen eine freundliche Mimik. Über die Schnauze lecken und Gähnen sind zwei typische Stresssignale, die andere Individuen beschwichtigen sollen, falls diese drohen. Auch die Stellung der Ohren verrät vieles. Sind sie nach hinten gedreht, fühlt sich der Hund bedroht. Legt er sie am Kopf an, fürchtet er sich. Aufgestellte Ohren zeigen Interesse. Man kann Hunden auch die Stimmung von den Augen ablesen. Ein fixierender Blick bedeutet, dass der Hund es ernst meint. Wendet er die Augen oder sogar den ganzen Kopf ab, ist dies ein Zurückweichen. Blinzeln bedeutet ein Nachgeben, ohne sich vollkommen zu unterwerfen. Geweitete Augen verraten gespannte Aufmerksamkeit und freudige Erwartung. Auch das Hundefell »spricht« zu uns. Liegt es glatt an, ist der Hund entspannt, sträubt es sich wie bei einem Igel, ist er gestresst, unsicher oder will einem Konkurrenten mit ein bisschen Extravolumen imponieren. In unterschiedlichen Situationen können Körpersprache-Vokabeln also durchaus ein bisschen etwas anderes bedeuten. Die Rute ist ebenfalls ein wichtiges Körpersprache-Organ für unsere Vierbeiner. Deshalb ist es sehr ungeschickt, wenn man sie ihnen aus optischen Gründen kupiert, die betroffenen Hunde sind dann in ihrer Ausdrucksweise beschränkt. Rutenwedeln ist nicht stets ein freudiges Zeichen, wie viele Menschen glauben. Hunde wedeln immer, wenn sie aufgeregt sind – entweder, weil sie glücklich sind, jemanden kennenzulernen oder wieder zu treffen, oder kurz bevor sie zubeißen. Italienische Forscher haben mit Videoanalysen herausgefunden, dass die Wedelrichtung Aufschluss gibt, ob ein Hund positiv oder negativ gestimmt ist. Mehr nach rechts wedeln ist für andere Hunde ein freundschaftliches Zeichen, nach links wedeln bedrohlich. Man sollte sich aber als Mensch nicht darauf verlassen, die Wedelrichtung erkennen zu können, erklärt Hentrup. Die Unterschiede sind so gering, dass man sie mit freiem Auge nicht erkennt. Ein Fehler könnte schmerzhaft enden. Eine lockere Rute bedeutet, dass der Hund entspannt ist. Sie hochzuheben, ist Angeberei und Imponiergehabe. Biegt er sie über den Rücken, handelt es sich meist um einen selbstsicheren Hund. Trägt hund Rute tief, ist er devot und weicht Konfrontationen eher aus. Klemmt er sie zwischen die Beine oder berührt sie gar den Bauch, hat er Angst.

Hunde kommunizieren auch mit ganzen Körperpartien. Knicken sie die Vorderbeine ein und senken den Kopf, während sie das Hinterteil nach oben strecken, kann dies Zeichen für Anpirschen und Angriffslust oder aber auch eine Spielaufforderung sein. Wichtig beim Hundesprache-Lesen ist immer, dass man sich nicht nur auf einzelne Zeichen versteift, sondern sich überlegt, in welchem Kontext die Sprache zu verstehen ist. Im Spiel unter Freunden heißen gewisse Dinge oft etwas ganz anderes als bei der ersten Begegnung mit Fremden. Das ist aber bei der Konversation unter Menschen auch nicht anders. Oft setzen die Hunde auch den ganzen Körper zum Sprechen ein. Stehen sie mit gespreizten Beinen, erhobenem Kopf und Schwanz »aufgebaut« vor einem Menschen oder anderen Hund, wollen sie zeigen: »Nimm mich ernst!« Ducken sie sich ganz flach auf den Boden, beschwichtigen sie ihr Gegenüber nach dem Motto »Ich bin doch eh ganz harmlos«. Legen sie sich auf den Rücken und strecken sie die Beine von sich, ist das ein Zeichen äußerster Unterwerfung.

Man sieht: Hunde sind sehr berechenbar. Mit ein wenig Übung kann man ihre Körpersprache gut lesen und verstehen. Sie täuschen auch nicht absichtlich etwas vor, um Vorteile zu erlangen. So gesehen, ist es leichter, Hunde zu verstehen, als Menschen.

EIN HUND IST KEIN MENSCH (I) – PRIMATEN KUSCHELN GERNE UND SEHEN EINANDER IN DIE AUGEN, KANIDEN NICHT

Eine der vielversprechendsten Arten, von einem Hund gebissen zu werden, ist ihn wie einen lieb gewonnenen Menschen zu begrüßen. Man geht zielstrebig mit ausgebreiteten Armen auf ihn zu, sieht ihm tief in die Augen, und umarmt ihn liebevoll. Zugegeben, es funktioniert nicht immer, viele Hunde werden es schaffen, sich der Liebkosung zu entziehen, und nach hinten entschlüpfen, aber man hat trotzdem Chancen, dass man anschließend in der Ambulanz sein Gesicht mit Jod eingetupft und mit Pflastern behübscht bekommt.

Wir Zweibeiner neigen dazu, unsere Haustiere zu vermenschlichen. Wir verwöhnen sie und behandeln sie wie kleine Kinder oder pubertierende Jugendliche, wenn sie einmal nicht das tun, was wir von ihnen wollen. Wir sollten aber nicht den Fehler machen, die art- und gattungsspezifischen Unterschiede zwischen Kaniden (Hunden und Wölfen) und Primaten (Menschen und anderen Affen) zu vergessen. Primaten kuscheln gerne. Primaten umarmen einander gerne. Primaten haben gerne Körperkontakt. Primaten sehen es als Zeichen der Zuneigung, wenn sie einander in die Augen blicken. Primaten gehen direkt aufeinander zu, wenn sie einander begrüßen. Kaniden fassen das als Konfrontationskurs auf. Sie vermeiden den direkten Blickkontakt, denn er bedeutet bei ihnen aggressive Provokation.

Wenn einer den anderen »umarmt«, ist das eine demütigende Dominanzgeste. Bringen wir Hunde in eine solche, für sie verängstigende Situation, wollen sie »einfach nur raus«. Dazu stehen ihnen vier Möglichkeiten zur Verfügung.

Wie komme ich hier raus: vier Möglichkeiten
Kämpfen, flüchten, erstarren, herausclownen, das sind die vier Varianten, die ein Hund, genauso wie ein Mensch, standardmäßig als »Wie komm ich hier raus«-Optionen einprogrammiert hat. Englischsprachige Verhaltensforscher bezeichnen sie als die vier F: *fight, flight, freeze, fiddle*. Welche dieser Konfliktlösungsmöglichkeiten er wählt, kommt auf das Individuum, seine Vorerfahrung, die Art der Situation, die Bedrohlichkeit, die Stärke der Erregung und anderes an. In der Regel wählt ein Hund oder Mensch jene zuerst, mit der er schon früher Situationen bewältigen konnte. Wenn nötig schaltet er auch rasch von einer Variante auf die andere um: Will ein Hund zunächst flüchten, wird aber in die Ecke getrieben, wo er sich nicht wehren kann, geht er vielleicht »nach vorne« und beißt. Kaum ein Hund wird aber sofort zum Angriff übergehen, selbst eher aggressive Exemplare erstarren vorher meist und drohen mit Zähnen und Körpergröße. Ob ein Hund vorzugsweise kämpft oder zum Beispiel durch Blödeln eine Situation entschärfen will, hängt nicht von seiner Größe und Stärke ab. Für viele kleine und schmächtige Chihuahuas und Terrier ist das bevorzugte Mittel sich Respekt und Gehör zu verschaffen, drohend nach vorne zu gehen und den anderen mit aggressivem Verhalten auf Distanz zu halten. Große, oft stämmige Labrador Retriever wiederum sind genauso wie Flat Coated Retriever oft meisterhafte Possenreißer, die Talent für Komisches beweisen und mit unterwürfigen Spielaufforderungen viele Situationen deeskalieren.

ZWEI EXTREME: ERLERNTE AGGRESSION UND ERLERNTE HILFLOSIGKEIT

Erlebt ein Hund hie und da bedrohliche, verängstigende oder sehr aufdringliche Situationen, lernt er meist, damit umzugehen und diese gut zu bewältigen. Wird er aber zum Beispiel von Kindern ständig geärgert und kann sich nirgendwohin zurückziehen, oder mobben ihn andere Vierbeiner in der Hundezone oder Hundeschule ständig, macht ihm das schwer zu schaffen. Manche Hunde lassen dann alles über sich ergehen und stumpfen komplett ab. Forscher sprechen hier von »erlernter Hilflosigkeit«. Diese Hunde sind dann quasi Seelenkrüppel. Dass sie sich nicht wehren, bedeutet nicht, dass sie nicht bei jedem einzelnen Ereignis leiden. Sie lassen es sich auch ansehen, aber viele Menschen schauen leider nicht gut genug hin und glauben, dem Hund macht eine solche Behandlung nichts aus oder er genießt sie sogar. Solche Menschen sind ignorant, die Hundekörpersprache zu lernen, zu lesen und zu beachten.

Andere Hunde fletschen irgendwann einmal die Zähne und bemerken, dass sie dann Ruhe bekommen. Sie haben gelernt, dass man Probleme mit aggressiven Gebärden lösen kann und werden dieses »Konfliktlösungsverhalten« auch auf andere Situationen übertragen. Bei ihnen fallen die Probleme meist viel schneller auf, doch leider stilisiert man diese ursprünglichen Opfer zumeist als Täter, die aus »unerfindlichen Gründen« knurren, zwicken und beißen. Dabei hat man es sie selber gelehrt, auf diese Art zu kommunizieren.

EIN HUND IST KEIN MENSCH (II) –
UH, UH, UH. WAUWAU.

Wenn man in irgendeinem Zoo auf der Welt zuerst das Wolfs-
gehege und dann das Affenhaus besucht, fällt einem vielleicht
noch ein wichtiger Verhaltens-Unterschied zwischen Primaten
und Kaniden auf: Im Affenhaus geht es immer laut zu, die
Tiere kreischen, rufen und schreien. Wölfe hingegen kommunizieren meist stumm. Dies kann man genauso bei Menschen
und Hunden beobachten. Egal ob in einer Kindergartengruppe
oder bei Erwachsenen: Unter Menschen hat eigentlich ständig
jemand den Mund offen, es wird geplaudert, erzählt, diskutiert,
geschimpft und gelacht. Bei einer Gruppe von Hunden bellt
zwar gelegentlich einer, in der Regel spielen, laufen und raufen
sie aber ohne große Töne. Hunde haben zwar durch ihr langes
Zusammenleben mit Menschen sehr gut gelernt, auf deren
Sprache zu hören, noch viel besser sind sie aber durch ihr
stammesgeschichtliches Erbe beim Beobachten, wie verschiedene
Forschergruppen kürzlich bewiesen haben. Die Wissenschafter
haben zum Beispiel bei Labradoren und Golden Retrievern
von der Italienischen Hundewasserrettungsschule untersucht,
ob sie besser auf verbale Kommandos oder Sichtzeichen reagieren. Diese Hunde waren allesamt gut ausgebildete Rettungshunde, die beides gelernt haben und Befehle wie »Sitz«, »Platz«,
»Bleib«, »Komm«, »Fang« und »Umdrehen« rasch befolgten.
Hat ihr Hundeführer einen solchen Befehl gerufen, machten
sie in 82 Prozent der Fälle, was er von ihnen wollte. Gab er
aber das jeweilige Sichtzeichen, wie zum Beispiel den Zeigefinger zu heben für »Sitz«, stieg die Erfolgsquote auf 99 Prozent. Die Hunde verstanden also Hörzeichen in vier von fünf
Fällen und Sichtzeichen eigentlich immer. Die Forscher ließen
auch die verbalen und optischen Zeichen miteinander konkurrie-
ren. Die Hundeführer gaben ihren Vierbeinern widersprüchliche

Kommandos per Stimme und per Zeichen. Sie zeigten ihnen zum Beispiel mit der Hand, sie sollten bleiben, und riefen ihnen ein »Komm« zu, oder sie sagten »Bleib« während sie sie herwinkten. In drei von vier Fällen befolgten die Hunde die Sichtzeichen und ignorierten die widersprüchlichen Worte.

Ein US-amerikanisches Forschungsteam hat sogar mit Magnetresonanzscannern bei Hunden untersucht, welche Art von Reizen sie am schnellsten verarbeiten. Das waren Geruchseindrücke vor optischen Stimuli. Am längsten brauchte das Hundehirn, um verbale Sinnesreize aufzunehmen. Hunde können die Körpersprache des Menschen sogar besser lesen als Menschen untereinander, fanden deutsche Wissenschafter heraus. In Manager-Seminaren werden deshalb oft Hunde »angestellt«, die gnadenlos Fehler in der Körpersprache und Unsicherheiten entlarven. Will man verlässlich mit Hunden kommunizieren, sollte man sie also nicht volllabern, sondern ihnen mit klaren Zeichen und Körpersprache zu verstehen geben, was man von ihnen erwartet.

EIN HUND IST KEIN WOLF

Die Bulldogge mit ihrer sehr kurzen, faltigen Schnauze, die mir auf der Straße entgegenkommt, sieht nicht aus wie ein Wolf. Der gelockte Pudel mit seinen lackierten Krallen und der Malteser der älteren Dame aus der Nachbarschaft, der schlanke Windhund einer Kollegin, der kleine freche Chihuahua eines befreundeten Fotografen, der rundliche Labrador Retriever einer Bekannten, der stattliche Bernhardiner eines Lehrers ebenso wenig. Das ist nicht verwunderlich. Menschen sehen auch nicht so aus wie zum Beispiel ihre Vorfahren, die Australopithecinen. Menschen verhalten sich auch anders als die anderen Primaten aus der Vorgeschichte, zumindest meistens. Genauso verhalten sich Hunde anders als Wölfe, zumindest meistens. Trotzdem ist es heutzutage irgendwie modern geworden, Hunde möglichst so zu behandeln wie ihre wilden Vorfahren, die Wölfe. Vor allem, wenn es Probleme gibt. Spätestens, seit die Wissenschafter vor einigen Jahren mit Erbgutanalysen eindeutig belegt haben, dass Wölfe die einzigen direkten Vorfahren der Haushunde sind, wollen viele »Hundeflüsterer« und ihre Anhänger das Verhalten von Hunden so lenken, »wie es die Leitwölfe in der Natur machen«. Doch abgesehen davon, dass man bestenfalls das Verhalten von in Gefangenschaft befindlichen Leitwölfen in zusammengewürfelten Patchworkrudeln in Zoos und Wildparks einigermaßen gut kennt, haben Wissenschafter wie der US-Zoologe John Bradshaw eindeutig gezeigt, dass Hunde sich ganz anders verhalten als Wölfe. Wo sie frei leben, haben sie keine wolfsähnlichen Rudelstrukturen. Hunde seien nun einmal nicht »nur eine possierliche Ausgabe des Wolfes«, so der Forscher. Wild lebende Wölfe kooperieren innerhalb des Rudels, wenn sie jagen, wenn sie Junge aufziehen und wenn sie ihr Revier verteidigen. Das macht evolutionär sehr viel Sinn, denn sie sind in der Regel alle miteinander eng verwandt, und zwar Eltern und Kinder sowie Geschwister. Auf diese Art und Weise sorgen sie dafür, dass ihre gemeinsamen Gene weitergegeben werden. Wölfe aus anderen Rudeln, die einen etwas anderen genetischen Hintergrund haben, bekämpfen sie unerbittlich. Vor Menschen fürchten sie sich. Hunde lieben hingegen in der Regel Menschen und die Begegnung mit fremden Artgenossen. Kaum ein Hund begrüßt nicht andere Artgenossen, die er noch nie zuvor gesehen oder gerochen hat, mit einem freundlichen Schwanzwedeln, und selbst die ängstlichen Exemplare, die fremde Hunde vorsichtshalber abwehrend anbellen, tauen meistens rasch auf und sind zum Spielen bereit. Verwandtschaft spielt bei den Hunden bei dieser allumfassenden Freundlichkeit keine Rolle. Sie bilden auch keine stabilen Rudel, selbst wo sie frei und unabhängig von Menschen leben. Benachbarte Gruppen von Hunden lebten friedlich nebeneinander. »Der extrem ausgeprägte Konkurrenzcharakter miteinander nicht verwandter Wölfe scheint bei wild lebenden Hunden komplett ausgelöscht zu sein«, so Bradshaw. Diese können also auch viel friedlicher und vorurteilsfreier miteinander umgehen als Menschen, die sich genauso wie Wölfe ständig zwanghaft in irgendwelche Gruppen zusammenrotten, die gegeneinander vorgehen. Es gebe bei den Hunden auch nicht die leiseste Spur eines Beweises, dass sie permanent versuchen, die Führung im Rudel zu übernehmen, wie es die dominanzbesessenen Hundetrainer als modernstes Wissen verkaufen. Natürlich sind Hunde oft kompetitiv, wenn es um Spielzeug, Fressen oder den kuscheligsten Schlafplatz geht. Doch in einem Hunderudel hat nicht einer den Hauptzugang zu allen Ressourcen. Wenn mehrere Hunde im selben Haushalt leben, gehen sie offensichtlich nach bestimmten Faustregeln miteinander um, wie »Diesen Hund lasse ich in Ruhe, wenn er gerade frisst«, »Es ist lustig, mit diesem Hund ein Zerrspiel zu veranstalten, denn er lässt mich manchmal gewinnen« und »Mit dem macht es keinen Spaß, der will mir das Spielzeug immer wegnehmen«, berichtet Bradshaw.

Das Verhalten der Hunde mit dem Verhalten der Wölfe gleichzusetzen, ist also genauso unsinnig, wie moderne Menschen mit ihren altsteinzeitlichen Vorfahren, so Kotrschal. Wer das trotzdem tut, rechtfertigt damit letztlich auch körperliche und psychische Gewalt unter dem Verweis, dass sich ja auch ein Alpha-Wolf durchsetzt, indem er die anderen in den Hintern beißt. Das ist aber längst widerlegt. Wölfe vertrauen und folgen meist ihren Eltern, also den Rudelmitgliedern mit der meisten Erfahrung, und nicht einfach einem Despoten, sagt er.

Vielleicht sollten wir zum Vergleich versuchen unsere Kinder so zu behandeln wie unsere wilden Vorfahren, die sich von

Baum zu Baum schwangen und von Bananen und Termiten lebten. Vor allem, wenn es Probleme in der Erziehung gibt. Ich glaube aber, damit macht man sich nur selbst komplett zum Affen.

DAS WESEN DER MENSCHEN

DER MENSCH ALS DOMINANTER ALPHA-HUND

Der Mensch kontrolliert, wann die Kühlschranktüre sich öffnet, er bestimmt, wann er wo mit dem Hund hinfährt, bei jeder Weggabelung entscheidet er, wohin der Spaziergang geht, ob gemütlich gegangen wird oder gelaufen, ob er bei der Bank oder am Gipfel eine Rast macht oder nicht. Er stellt ihm die Futterschüssel hin, wann er es für richtig hält, und wählt aus, was er überhaupt hineintut. Er hängt den Hund an die Leine und nimmt sie ihm ab, wann er will. Er lässt ihn teils bei Spaziergängen gesiebte Luft durch den Maulkorb atmen, wenn er es für nötig empfindet. Er macht die Tür zum Garten auf, um den Hund rauszulassen, oder auch nicht. Er bringt ihn zum Tierarzt, was dem Hund nur selten gefällt. Köter hat also im Alltag quasi überhaupt nichts zu entscheiden.

Wenn er es trotzdem schafft, in seiner Familie als Alphatier dazustehen, und Mann, Frau, Kind und Katze zu Untertanen degradiert, muss er entweder ein begnadeter geborener Anführer oder größenwahnsinnig sein, und die Besitzer komplette Nudelaugen (ostösterreichisch für »Totalversager«). Ich möchte hier ganz vorsichtig von der Arbeitshypothese ausgehen, dass die wenigsten Vertreter der Spezies *Canis lupus familiaris* herrschsüchtige Tyrannen sind. Kaum einer unserer Haushunde ist Napoleon Bonaparte, auch wenn manch einer seinen Vierbeiner so nennt. Das ganze Getue von diversen »Hundeflüsterern«, dass fehlende Dominanz gegenüber Hunden fast alle Probleme mit ihnen verursacht, ist also reichlich übertrieben.

Ich war vor einiger Zeit mit Kleo bei Sandra Janner, einer niederösterreichischen tierschutzqualifizierten Hundetrainerin und Expertin für Problemfälle, auf dem Übungsplatz. Während ich auf der einen Seite der Wiese mit Kleo diverse Dinge trainierte, coachte sie eine Kundin mit deren süßen Appenzeller-Sennenhund-Rüden. Auf einmal stand diese junge Frau ganz steif da, ihr Hund saß links neben ihr bei Fuß. Sie sah bange zur Trainerin, bedacht, nicht direkt zum Hund zu blicken, rollte die Augen nach links unten und zeigte mit dem Finger vorsichtig dorthin. Dann sagte sie mit leiser Stimme, als ob der Hund sie dann nicht hören könnte: »Er hat die Pfote auf meiner Zehe – habe ich jetzt ein Dominanzproblem?«

Wir lachten, und die Kundin schloss sich verhalten an. »Ja, zuerst übernimmt er die Herrschaft über deinen Haushalt und dann über die ganze Welt«, so die Trainerin. »Nein, mach dir keine Sorgen, entweder steht er zufällig drauf, oder er ist nur einfach schlau. Wenn er die Pfote auf deinem Fuß hat, merkt er sofort, wenn du weggehst, und er muss sich nicht so stark konzentrieren, um dran zu bleiben, sondern kann auch gucken, was rundherum in der Welt passiert. Weil du aber natürlich einen aufmerksamen Hund beim Training haben willst, würde ich den Fuß dezent wegziehen und weitermachen, als ob nichts wäre. Wenn er sich dann allerdings in dein Schienbein verbeißt, habe ich nicht recht gehabt, was auch manchmal passiert.« Als die Frau tat, wie ihr geheißen, sah sie der Hund beflissen an. Sandra hatte natürlich recht gehabt.

Manche Trainer in Österreich, Deutschland und Übersee ticken aber anders und kosten das Dominanzthema erschöpfend in Shows, Büchern und Kursen aus. Wenn man ihnen Glauben schenkt, sind neunundneunzig von hundert Hundeproblemen auf einen Vierbeiner zurückzuführen, der nicht weiß, wo er auf der Prügelhierarchieleiter steht und deshalb (a) nach mehr Macht strebt, weil er das für erreichbar hält, oder (b) unsicher ist, weil er sein Herrl oder Frauerl nicht für ein Alphatier mit Problemlösungskompetenzen hält und, obwohl er das eigentlich nicht will, alles selbst machen und entscheiden muss. Klingt wie in einem typischen Büro, oder? Vielleicht ist diese Dominanz-problemgeschichte deshalb für viele Leute so leicht nachvoll-ziehbar, wahrer wird sie deshalb nicht.

Dominanzfetischisten raten zum Beispiel, dass der Hund sich nirgends hinlegen darf, wo er das ganze Wohnzimmer überblickt, weil das die Geste eines Herrschers ist, der seine Untertanen im Blick behalten will. Vor allem »gehobene Posi-tionen« wie die Couch seien tabu. In der Hundeschule für Ret-riever hatten wir einen ungezogenen Labrador, der nur mit den Vorderpfoten auf den Diwan durfte. Der Arme kannte sich überhaupt nicht aus, was er durfte und was nicht, denn dies war nicht die einzige inkonsequente Regel, nach der er sich gefälligst zu richten hatte. Seine »Unerzogenheit« legte sich, nachdem der Trainer den Besitzern erklärte, dass sie keine halben Sachen machen sollten: Wenn der Hund die Couch nicht dreckig machen soll, dann muss er unten bleiben, ist Schmutz auf dem Diwan den Menschen im Haus egal, können sie ihn ruhig hin-aufspringen lassen. Sein »freches« Verhalten sei nicht auf Dominanzprobleme zurückzuführen, sondern darauf, dass sich der Hund einfach nicht auskennt, was er darf und was nicht, und so immer ausprobieren muss, wie weit er gehen kann.

Der genauso bekannte wie umstrittene mexikanisch-US-ame-rikanische Hundeflüsterstar Cesar Millan macht zum Beispiel ein Riesentheater darum, dass die Hunde stets hinter ihm zu gehen haben und vor allem nicht als Erste durch eine Tür oder einen Durchgang laufen dürfen. Bei den Wölfen würde auch immer der Anführer zuerst aus dem Bau gehen, um zu sehen, ob draußen Gefahr droht. Wenn man also als Mensch das gefühlte Risiko auf sich nimmt, als Erster vor die Türschwelle zu treten, würde der Rest des Rudels einen als Alphatier anerkennen, sonst als feige Lusche, meint er. Auch sollte man beim Zurückkommen vor allen anderen die Wohnung betreten. Das ist aber, wenn man es genau betrachtet, inkonsequent, wenn der mächtige, mutige Alpha-Anführer sich als Erster ins sichere Nest flüchtet. Natürlich lässt er auch geflissentlich unberücksichtigt, dass Hunde keine Wölfe sind. Zugegeben, ist es praktisch, wenn die Hunde nicht vor einem aus der Tür stürmen, weil zum Beispiel gerade ein Kind mit dem Fahrrad davor vorbeifahren könnte, oder ein Auto. Das Warten kann man ihnen aber mit freundlicher Konsequenz besser beibringen als mit skurrilen Dominanz- und Herrschergesten.

Ein deutscher Kanidenwisperer wiederum kritisiert, dass in all den Begleithundeprüfungen, also wo der Gehorsam der Hunde vor einem Richter bestehen muss, beim Bei-Fuß-Gegen die Schnauze vor dem Bein des Hundeführers zu sein hat. Der Hund würde damit die Bewegungsfreiheit des Menschen einschränken und zum Anführertum aufgestachelt, meint er. Das ist Quatsch. Wenn die Übung korrekt ausgeführt wird, schaut der Hund dabei dem Menschen ständig ins Gesicht, um auf jede klitzekleine Bewegungsänderung zu reagieren. Er sieht dabei nicht einmal wirklich, wohin er läuft, und vertraut also dabei dem Menschen blind, dass er ihn nicht in eine Gefahr führt. Dominanzgehabe sieht meiner Meinung nach ein bisschen anders aus.

Vieles, was das Dominanz-Etikett trägt, beruht außerdem auf »gewöhnlichem« Training. Hat der Hund als Kleiner gelernt, dass die anderen Welpen ihm mehr Futter überlassen, wenn er sie anknurrt, probiert er das vielleicht auch einmal bei Menschen. Bekommt er Essen vom Tisch, wenn er mit der Pfote am Hosenbein kratzt, hat er gelernt, dass dieses Verhalten belohnt wird. Spielt man mit ihm, wenn er einen anbellt, ebenfalls. Wichtig ist, dass man den Hunden Grenzen setzt, dass sie schon als Welpen lernen, was sie dürfen und was nicht, und dass sie nicht alles kriegen, nur weil sie beharrlich betteln oder fordern. Sonst haben sie keinerlei Frusttoleranz und werden ziemlich unerträglich. Sie zeigen dann aber eher das Verhalten eines renitenten Kleinkinds und nicht eines starken Anführers. Da Dominanz hineinzudichten, halte ich daher für skurril. Ein Anführer bei Mensch und Hund ist kein bettelndes kleines Kind, sondern einer, der gibt und vorangeht. Er zeigt dem andern, wo es langgeht, und zwar mit liebevoller Konsequenz und nicht mit lächerlich künstlichem Imponiergehabe. Ein Hund sollte also Menschen gegenüber nicht unterwürfig sein müssen, sondern neutral, meint Hentrup. Also ein Sozialpartner, der weiß, wo seine Grenzen sind, wie er sich benehmen muss, und er sollte dasselbe von Menschen erwarten dürfen.

LAUTE HUNDEFLÜSTERER

Die selbst ernannten Hundeflüsterer arbeiten auch oft mit Methoden, die in der Hundesprache kein sanftes Flüstern, sondern eher hysterisches Geschrei sind: Sie verwenden etwa die sogenannte »Alpharolle«, mit der sich die Rudelführer unter den Wölfen angeblich bei den Tieren mit niedrigerem Rang Respekt schaffen. Mehr oder weniger schmeißt man dabei den Hund einfach um und hält ihn nieder. Ich war einmal bei einer Prüfung dabei, wo Listenhund-Besitzer mit ihren Vierbeinern ihr Können und Wissen für den Hundeführschein vorführen mussten. Ein Hund wagte, beim Vorbeigehen an der Leine einen anderen Hund leise anzuknurren. Sofort riefen die Partnerin des Hundeführers und der Trainer unisono: »Roll ihn, schmeiß ihn auf die Seite.« Der Mann an der Leine tat wie ihm geheißen und kniete bald auf dem winselnden »Kampfhund«. Der Richter hatte nichts einzuwenden und bewertete die Prüfung als bestanden. Die Besitzer hätten demonstriert, dass sie wüssten, wie man mit einem Hund zurechtkommt. Traurig, oder? Bei Wölfen wurde diese Alpharolle übrigens sehr selten beobachtet, und ihre Funktion ist fraglich. Ganz sicher verwenden die Vorfahren der Hunde sie nicht so inflationär wie die angeblichen Flüstertrainer. Bei Hunden untereinander hat sie eigentlich noch niemand gesehen. Eine andere Methode, die vollkommen über das Ziel hinausschießt und auch einen Biss nach sich ziehen könnte – was auch der namhafte US-Flüsterer Cesar Millan schmerzlich erfahren musste – ist der Schnauzengriff. Hunde nehmen manchmal als Maßregelung die Schnauze eines anderen zwischen Ober- und Unterkiefer, ohne jedoch zuzubeißen. Dominanzfetischistentrainer verwenden dazu ihre Hand und halten dem Hund das Maul zu. Manche Hunde lassen sich einschüchtern, andere schnappen zu, wie man in Videos im Internet sehen kann. Eine weitere Methode, mit der man Millan in Internetvideos arbeiten sieht, ist Hunde mit Würge- oder Stachelhalsbändern zu gewissen Handlungen zu zwingen, wie etwa neben einem anderen Vierbeiner vorbeizugehen, ohne diesen anzufallen. All diese Methoden bestehen in großem Ausmaß auf Einschüchterung und Gewalt und haben in einem modernen Hundetraining nichts verloren. Sie ruinieren alle das Vertrauen der Hunde zu den Besitzern und Trainern und sind daher kontraproduktiv. Damit stellt man sich nicht als souveräner Anführer dar, sondern als inkompetent bloß. Ein fähiger Rudelführer sieht anders aus.

SPRUNGHAFTIGKEIT VERSTÄRKT JEDES PROBLEM

Eines der schlimmsten Dinge, die man seinem Hund antun kann, ist ihn ständig durch sprunghaftes Verhalten in Unsicherheit zu lassen. Auf eine gewisse Aktion, die er zeigt, sollte er immer die gleiche, adäquate Antwort erhalten und nicht jedes Mal abwarten müssen, ob man sie ignoriert, er dafür belohnt oder bestraft wird. Durch Sprunghaftigkeit kann man jedes Problem effektiv steigern. Die sogenannte »variable Belohnung« ist als ein äußerst hilfreiches Trainingsmittel bekannt, um gewünschtes Verhalten zu fördern und zu steigern. Die amerikanische Verhaltenstrainerin Karen Pryor vergleicht das Warten auf unregelmäßige, nicht vorhersehbare Belohnungen mit Glücksspiel. Wenn man bei einem Automaten sitzt und bei jedem Spiel eine Kleinigkeit gewinnt, wird das den meisten Leuten nach einiger Zeit langweilig, und sie hören auf, erklärt sie. Der Nervenkitzel, ob man nun zum zehnten Mal eine Niete hat oder stattdessen vielleicht einmal den Jackpot knackt, lässt die Leute jedoch beharrlich in ihre Spielsucht stürzen.

Wenn ein Hund bei Tisch bettelt und man gibt ihm manchmal nichts, manchmal schon etwas, dann verstärkt dies das Betteln viel mehr, als wenn man ihm konsequent jedes Mal eine Kleinigkeit zukommen lässt. Der Hund bettelt dann nicht nur ein bisschen und gibt auf, wenn er nichts bekommt, sondern glaubt, dass er sich besonders anstrengen muss, um zur Belohnung zu kommen. Da wir also keine nervigen, bettelsüchtigen Vierbeiner wollen, beeindrucken wir die Vierbeiner anstatt mit fallweiser Großzügigkeit lieber mit liebevoller, berechenbarer Konsequenz und geben ihnen nie etwas oder immer einen Happen, mit dem sie sich zufriedengeben müssen, egal wie sie sich verhalten.

Die meisten Hunde, die gleichbleibende Regeln vorgesetzt bekommen, entwickeln sich zu unproblematischen Gesellen, berichtet Hentrup. Dies gelte für Welpen genauso wie für ältere Hunde, die man zum Beispiel aus dem Tierheim zu sich holt. Meist ist der Weg zum harmonischen Zusammenleben also mit Konsequenz gepflastert.

MIT BIEGEN UND BRECHEN UND GEWALT –
DER SCHLECHTESTMÖGLICHE BESITZER

Kleo war wieder einmal bei einer Rettungshundeprüfung »unkonzentriert«. Statt neben mir Fuß zu gehen, hat sie eine Runde zu den Zuschauern gemacht, deshalb wurden wir bei der »Unterordnungs-Teilprüfung« disqualifiziert. Ich saß an einem Tisch und trank Kaffee. Eine altgediente Hundetrainerin setzte sich zu mir. »Wie alt ist der Hund?«, fragte sie. Damals war Kleo drei. »Sie ist also aus dem Kinderalter raus, du musst sie mal richtig hernehmen, sonst tanzt sie dir ein Leben lang auf der Nase rum, einmal reicht meistens.« Sie erkannte meinen ablehnenden Blick. »Tu was du willst, ich hab's dir gesagt: Entweder du zeigst ihr deutlich, dass es so nicht geht, oder ihr schafft nie etwas.« Seufzend stand sie auf. Ein Kollege setzte sich zu mir. »Sie hat recht.« Er wiederholte die Ratschläge mit detaillierten Beschreibungen, wie er sich gegenüber einem renitenten Hund bei einer Prüfung durchgesetzt habe. Der Richter habe ihm beigepflichtet, dass er richtig gehandelt habe, als er den Hund am Kettenhalsband mitschleifte, obwohl der freudig und freiwillig an lockerer Leine neben dem Hundeführer herlaufen sollte. Natürlich sei er jenes Mal durchgeflogen, aber es sei wichtig gewesen, dem Hund zu demonstrieren, dass es so nicht gehe. Das ist nicht meine Art, wiederholte ich meine Abneigung zu solchen Methoden. Kopfschüttelnd über solch Unverständnis, stand er auf. Nun setzte sich eine junge Trainerin zu mir, die viele Problemhunde und Problembesitzer wieder auf die richtige Bahn bringt. Sie grinste: »Immer wenn man mit dem Wissen am Ende ist, greift man zur Gewalt.«

Irgendwie ist es sehr traurig. Ich habe beobachtet, dass die meisten Leute ihren Hunden keine Gewalt antun wollen. Wenn sie einen Hund bekommen, sind sie entschlossen, ihn mit Liebe und Fürsorge zu erziehen. Die Hundetrainer erklären ihnen auch mantraartig, dass dies der richtige Weg ist und dass Schlagen, Ohrenziehen und Würgehalsbänder bei ihnen tabu sind und man sofort aus dem Kurs fliegt, wenn sie so etwas sehen. Und dann muss man mit anschauen, wie sie genau diese Dinge bei ihren eigenen Hunden anwenden, wenn diese nicht parieren.

Das ist jedoch kontraproduktiv und ein Armutszeugnis. Mit körperlicher Gewalt beeindruckt man keinen Hund, sondern man macht ihm Angst. Angst wiederum erzeugt Abwehr-Aggression. Körperliche Strafe wirkt zwar theoretisch in manchen Fällen ganz gut, sie hat nur einen Haken, erklärt mir Sandra Janner: »Sie muss genau so bemessen sein, dass der Hund das unerwünschte Verhalten niemals wieder tut.« Die Betonung liegt auf »niemals«. Sicher kann man sich dabei eigentlich nur sein, wenn der Hund anschließend tot ist. Das ist natürlich erstens unethisch, zweitens verboten und drittens verrückt. Hunde, die mit »moderater« körperlicher Gewalt erzogen werden, stumpfen ab. Sie zeigen das Verhalten trotzdem immer wieder, und die Bestrafungsdosis steigt. Das Ganze ist also alles andere als zielführend und führt nur zu einem Hund, der verteidigungsbereiter und somit ständig näher am Beißen ist als ein gewaltfrei erzogener.

Etwas später durfte ich mit Kleo noch den »Leute und Boote aus dem Wasser ziehen«-Teil der Prüfung ablegen, freilich ohne Chance, die Gesamtprüfung zu bestehen. Sie hat dabei brilliert, denn diese Arbeit macht ihr Spaß. Die einzige Chance, die ich sehe, um die komplette Prüfung einmal positiv ablegen zu können, ist, dass ich ihr das Bei-Fuß-Gehen so interessant mache, dass sie es aus Spaß macht. Dafür gibt es Methoden. Man muss mit operanter Konditionierung versuchen, die Lust, die ihr andere Dinge machen, auf solche Übungen zu übertragen. Das funktioniert nur in kleinen Schritten und braucht ein bisschen länger, als »dem Hund eine drüberzuziehen, wenn er nicht pariert«. Dafür hat man dann einen Hund, der freudig neben einem herläuft, und nicht aus Angst vor einem Schlag auf den Hinterkopf.

Natürlich muss man einem Hund Grenzen setzen. Aber das geht bitte auch ohne Gewalt. Das Zauberwort heißt Konsequenz. Einen Hund »brechen« zu müssen, damit er der beste Freund des Menschen wird, ist Schwachsinn. Die Hunde haben sich vor Zehntausenden Jahren freiwillig an die Menschen angeschlossen. Verleiden wir es ihnen bitte nicht innerhalb kürzester Zeit.

IN DER RUHE LIEGT DIE KRAFT

Ich treffe mit Kleo öfter zwei zweibeinige Freunde. Der eine wartet ruhig ab, der andere fordert sie überschwänglich und mit hektischen Aufmunterungsrufen zu einer stürmischen Begrüßung auf. Obwohl sie in der Regel selbst sehr wild ist, zieht Kleo den ruhigeren Menschen vor. Sie läuft zu ihm hin und betrachtet den anderen skeptisch aus den Augenwinkeln. Sie liebt ihn, findet aber seine Art zu aufdringlich. Dass sie selbst oft so agiert und vielleicht von ihm lernen könnte, wie man es nicht macht, ist ihr leider noch nicht in den Sinn gekommen. Selbsterziehende Hunde gibt es also wohl wirklich nicht.

Egal wie wild und verrückt sie selbst sind: Hunde lieben offensichtlich ruhige, gesetzte Leute. Sie gehorchen auch viel besser, wenn man leise, bedacht und gelassen handelt und redet, als wenn man hektisch oder übertrieben fröhlich ist.

Beim Training hatte ich einmal die Aufgabe, umringt von anderen Leuten als Ablenkung, Kleo zu mir zu rufen. Ich bekam von der Trainerin den Tipp herumzukasperln, mit hoher Stimme zu quietschen und zu jauchzen. »Wenn jemand am Zaun vorbei geht und denkt, du bist komplett durchgeknallt, dann machst du es richtig«, sagte sie. Ich tat, wie mir geheißen. Kleo lief zunächst in meine Richtung, stoppte in ein paar Metern Entfernung und sah mich mit einem Blick an, der mir zeigte, dass sie selbiges von mir dachte wie der imaginäre Zaungast. Dann lief sie zu den anderen Leuten, um sie zu begutachten. Ich steigerte meine Anstrengungen zunächst, gab dann aber mangels Erfolg frustriert auf und hockte mit verkniffener Miene da. Auf einmal saß mein Hund vor mir und sah mich an! »Super«, rief die Trainerin, »freu dich und spiel wild mit ihr.« Wiederum machte ich den Fehler und tat, wie mir geheißen. Da erinnerte sich Kleo daran, dass sie noch nicht alle anderen Menschen ringsum kennengelernt hatte. Ich hörte mit dem als Belohnung gemeinten Spielen auf und hatte auf einmal wieder die Aufmerksamkeit meines Hundes. Seitdem belohne ich sie mit Ruhe und fordere Konzentration und eifriges Mitmachen beim Training mit nichts anderem ein als ruhigem Warten. Alles andere ist kontraproduktiv.

Hunde haben sich den Menschen vor Zehntausenden Jahren angeschlossen, als bei diesen nicht hektische Betriebsamkeit, Dauerbespaßung und zwangslustige Jugendlichkeit Trumpf war. Die Anführer dieser Zeit waren ruhige, besonnene Individuen, die sich durch nichts aus der Fassung bringen ließen. Bei den indigenen Bewohnern von Nordamerika hielt dieses Verhalten teils bis ins 19. Jahrhundert an. War ein Häuptling hektisch, flatterhaft oder unstet, folgten die Menschen einem anderen, denn in solche Individuen hatten sie kein Vertrauen. Genau solches Verhalten, dass sie in Gefahr und kritischen Situationen gelassen und souverän reagieren, zeigen übrigens auch die Leitwölfe.

Will man also die Aufmerksamkeit und den Respekt von Hunden gewinnen, sollte man Ruhe und Selbstbeherrschung zeigen. Bei Menschen ist dies übrigens auch von Vorteil. Ein Lehrer, der mit den Schülern herumschreit, zeigt nur, dass er überfordert ist. Sitzt er nur da, wenn sie überdreht sind, und spricht mit ruhiger, leiser Stimme, hat er viel größere Chancen, einen sinnvollen Unterricht mit ihnen zu gestalten, als wenn er aufspringt und sie hektisch maßregelt. Im Umgang mit Zwei- und Vierbeinern gilt gleichermaßen die alte Weisheit: In der Ruhe liegt die Kraft.

HELIKOPTERHERRLIS

Montags und mittwochs »Activity«, dienstags Gehorsamkeits-training, donnerstags Apportierübungen, freitags »Canicross«, zwischendurch schnuppern Hund und Herrl beim »Dog-dancing« und »Dogfrisbee« hinein. Apropos schnuppern, Riechkurse sollte man auch einmal versuchen! Manche Hunde sind überaus ausgelastet. Muss ja so sein, sonst ist Vierbeiner unrund, lästig und wird nicht artgerecht gehalten. Genauso wie bei Kindern können es die Menschen auch als »Hunde-eltern« übertreiben. Wenn ein Hund nicht als Hüte-, Polizei-, Blinden-, Jagdhund oder Ähnliches arbeitet, tut ihm natürlich das eine oder andere Hobby oder eine »ehrenamtliche« Tätig-keit sehr gut. Genauso wie wir Menschen kann er aber auch in ein Burn-out kippen, wenn er dazwischen keine Zeit hat, die Dinge zu verarbeiten. Beschäftigung – ja bitte, aber mit Maß und Ziel. Damit werden Rudelführer und ihre Schützlinge viel erfolgreicher, als wenn man zu viele Dinge auf einmal von sich und dem Vierbeiner fordert. Hunde sind bodenständige Lebe-wesen, sie haben in ihrer langen gemeinsamen Geschichte mit der Menschheit die meiste Zeit mit Herumdösen verbracht.

NAPOLEON DARF ALLES UND KANN NICHTS

Wenn große Hunde ständig an der Leine ziehen, hat man bald lange Arme und einen schiefen Gang. Wenn große Hunde an der Leine loslaufen, um eine Katze zu jagen oder einen Freund zu begrüßen, küsst man bald einmal den Asphalt. Wenn sie Menschen anbellen oder böse ansehen, fürchtet man sich. Man geht mit ihnen daher in der Regel in eine Hundeschule und bringt ihnen Manieren bei. Kleine Hunde spürt man kaum an der Leine. Wenn sie wild losstürmen wollen, heben viele Leute sie einfach an der Leine hoch, und sie hängen im Brustgeschirr, während ihre Beinchen in der Luft strampeln. Wenn sie aggressiv auf Leute losgehen, keifen, bellen, knurren, die Zähne zeigen, verlacht man sie. Viele kleinrassige Vierbeiner kommen daher nie in den Genuss einer Schulbildung und lernen nicht, wie man sich in der Menschenwelt und gegenüber anderen Vierbeinern benimmt, und damit auch nicht, wie man dort stressfrei und gut zurechtkommt. Forscher haben in Studien belegt, dass die Angehörigen kleiner Rassen sich viel mehr erlauben dürfen und weniger Grenzen gesetzt bekommen als große Kaniden. Viele von ihnen verhalten sich deshalb respektlos und sind wahrscheinlich auch unausgelastet und frustriert, weil man sie nie für voll nimmt. Deshalb legen sich gerade die Kleinen ständig mit fremden Menschen und Hunden an. Die Forscher nennen das den »Napoleon-Komplex«. Er ist weder für die Hunde noch für die Menschen gut. Die Beiß- und Körperkraft von kleinen Hunden ist zwar nicht mit jener von großen Exemplaren zu vergleichen, aber zum Beispiel Dackel und Jack Russel Terrier sind waschechte, mutige Jagdhunde, die durchaus ernsthafte Verletzungen hervorrufen können. Außerdem sind kleine Hunde genauso intelligent und lernfähig wie große und sollten ein artgerechtes Leben mit einer sinnvollen Beschäftigung führen dürfen. Es gibt auch große Stars in Sparten wie Agility, Personensuche, Dogdancing, Apportieren und sogar Schutzsport bei den ganz Kleinen.

WER SICH BITTE KEINEN HUND ZULEGEN SOLLTE

Wer erwartet, dass er sich einen Welpen ins Haus holt, dieser von sich aus lernt, was er darf und was nicht, indem man hie und da »Ja« oder »Nein« sagt und beständig das Alphatier mimt, der drei Mal am Tag zum Gassi raus muss, in der Früh und am Abend sein Futter bekommt und sich im Garten selber beschäftigt, wenn man nicht gerade zum Streicheln oder Spielen aufgelegt ist, wird bald enttäuscht sein. Das funktioniert genauso wenig, wie ein Baby selbst essen lernt, ein paar Jahre später spontan zu lesen und schreiben beginnt und sich aus eigenem Antrieb zu einem verantwortungsvollen, sozial kompetenten Erdenbürger mausert. Wenn man einen Hund sich selbst »entfalten« lässt, wird das Resultat nicht sehr erfreulich sein.

Der Vorteil bei Hunden ist jedoch, dass ihre Entwicklung schneller geht. Viele Rassen wie Schäferhunde und Terrier sind mit einem Jahr erwachsen, bei verspielten Peter Pans wie Golden und Flat Coated Retrievern können dafür aber schon einmal drei Jahre verstreichen. Diese Zeit ist anstrengend. Man muss investieren, damit man später einen sozial verträglichen, ausgeglichenen und glücklichen Hund hat, der einen selbst glücklich macht. Damit man später einmal die Früchte der Anstrengungen genießen kann.

WAS EINEN HUND AUSMACHT: GENE UND EPIGENE

ZUCHT UND SOZIALISIERUNG

Körperzucht

Seit die Hunde sich vor Zehntausenden Jahren von den Wölfen abgespaltet haben und die menschliche Umgebung ihre natürliche Umwelt ist, beeinflussen die Menschen ihre Evolution. Die Menschen haben die Hunde nach ihren Vorstellungen und für ihre Zwecke geformt und das Erbgut ihrer besten Freunde damit verändert. Sie haben zum Beispiel eine Mutation forciert, die manchen Hunden kurze Beine beschert, weil diese Hunde in die Baue von Dachs und Fuchs eindringen können und somit für die Jagd praktisch sind. Heute sind manche Menschen wiederum froh, solch einen Hund zu haben, weil dieser nicht so schnell vor ihnen weglaufen und überall hinaufspringen kann. Insgesamt gibt es wahrscheinlich 10 bis 15 Genveränderungen (Mutationen), die Hunde variantenreicher machen als ihre Ahnen, die Wölfe.

Ein Züchter kann bei Tieren drei verschiedene Merkmalsgruppen »bearbeiten«, erklärt Sommerfeld-Stur: Erstens äußere Kennzeichen wie die Körpergröße, den Körperbau oder die Farbe und Länge der Haare. Zweitens Leistungsmerkmale wie die Milchmengen, die eine Kuh täglich erzeugt, oder wie viel Fleisch ein Schwein auf den Rippen hat. Drittens Verhaltensmerkmale wie die Reizschwelle, Aggression, Verspieltheit und

Ängstlichkeit beim Hund. Die Körper- und Leistungsmerkmale können Züchter recht einfach formen, denn man kann sie gut erkennen und messen und sie sind in hohem Ausmaß durch die Gene festgelegt. Beherrscht man die Vererbungsregeln, die der Brünner Pfarrer und Naturforscher Gregor Mendel bei seinen Erbsenversuchen entdeckt hat, kann man leicht bei Pflanzen und Tieren das Aussehen verändern. Die ganze moderne Landwirtschaft beruht auf Züchtungen, die mehr Ertrag liefern, sei es bei Getreide, Milch oder Fleisch. Bei Hunden bevorzugte man Exemplare, die bestimmte Dinge besonders gut können, und sie haben sich nach dem Prinzip »die Form folgt der Funktion« körperlich dadurch verändert und ihren Aufgaben entsprechend angepasst. Windhunde haben den perfekten Körperbau, um Hasen und über Rennbahnen zu hetzen, Neufundländer ein dickes Fell mit so viel Unterwolle, dass ihre Haut fast nicht nass wird, wenn sie im eisigen Ozean schwimmen, um Fischnetze einzuholen. Bernhardiner sind groß und kräftig, um Milchkarren zu ziehen, und Beagles quasi eine Nase mit vier Beinen, die keine Fuchsspur verliert. Malteser sind kleine wuschelige Kuschelmonster für Damen und Herren fortgeschrittenen Alters, irische Wolfshunde Hünen, die für die Kelten gegnerische Krieger erschreckten und Elche jagten. Labrador Retriever haben kurzes Stockhaar, damit sie beim Fasane-Apportieren aus dem Dickicht nicht in den Dornenranken hängen bleiben, Kuvasz-Herdenschutzhunde ein langes, zotteliges Fell, damit sie in den Schafherden nicht auffallen. Es gibt wohl keine andere Tierart auf der Erde, die so eine große Vielfalt an äußerlichen Farben und Formen aufweist. Innerhalb gewisser Grenzen ist praktisch jedes Zuchtziel erreichbar. Die große Veränderbarkeit und Flexibilität ihres Erbguts sind aber in heutigen Zeiten für viele Hunde zu einer Last geworden, weil die Menschheit wie in vielen anderen Bereichen auch in der Hundezucht von Extremen angezogen ist. Dackel haben so kurze Beine, dass ein

Drittel von ihnen irgendwann im Leben einen Bandscheiben-
vorfall erleidet, der die Hinterbeine lähmt. Möpse und Bulldoggen tragen auch als Erwachsene ein Gesicht, das dem Kind-
chenschema entspricht. Dadurch ist ihr Schädel so flach und
hat eine so kurze Schnauze, dass ihnen quasi die Augen herausfallen, weil er fast keine Augenhöhlen mehr besitzt. Sie leiden
ihr ganzes Leben an Atemnot, weil ihre Nase degeneriert ist.
Damit die lange Schnauze wiederum bei einem Langhaarcollie
besser zur Geltung kommt, haben sie so schmale Schädel, dass
bei manchen Tieren das Gehirn nicht mehr gut hineinpasst und
ständig unter Überdruck steht. Bei Deutschen Schäferhunden
gefällt den Showrichtern und Zuchtverbänden eine abfallende
Rückenlinie besonders gut, weil dies »sportlich« aussehen soll.
Als Konsequenz haben viele der Tiere schon ab der Jugend
Kreuzschmerzen und kaputte Hüften. Doch diese Probleme
könnte man innerhalb kurzer Zeit wieder wegzüchten, solange
der Wille dafür da und noch genügend Variation in der Population vorhanden ist. Bei manchen Rassen fehlt es offenbar an
beidem, so geben Populationsgenetiker und Tiermediziner zum
Beispiel den Englischen Bulldoggen keine Chance mehr. Eine
Rückzucht zu einer »normalen« Schnauze, mit der die Tiere
ohne Qualen leben könnten, sei hier praktisch unmöglich. Bei
den Französischen Bulldoggen und Möpsen hingegen könne
man dies noch erreichen. Es gibt zum Beispiel auch schon einen
Trend zu »Retromöpsen«, die eine gesund lange Schnauze ihr
Eigen nennen. Hier hat man auch ein Dogma der Hundezucht
gebrochen, das vermutlich schon sehr viel Tierleid verursacht
hat: Man darf keine fremden Rassen hineinmischen. Das Ein-
kreuzen von Jack Russel Terriern in Mops-Populationen hat
jedenfalls deren Gesichtsschädel wieder so weit verlängert,
dass sie nicht ständig Atemnot ertragen müssen.

Verhaltenszucht

Verhaltensmerkmale kann man viel weniger leicht formen als Äußerlichkeiten. Sie sind sehr stark von der Umwelt abhängig und schwer erfassbar. Es ist komplizierter, Verhaltensmuster als »Rassestandards« zu definieren, als irgendwelche Aussehensmerkmale, und selbst wenn in gewissen Rassebeschreibungen steht, der Hund soll furchtlos, kinderlieb, skeptisch oder arglos gegenüber Fremden sein, ist dies schwer zu messen und hängt größtenteils von der Erziehung und nicht von den Genen ab.

Trotzdem oder gerade weil dieses Feld so herausfordernd ist, haben in jüngster Zeit verschiedene Forscher untersucht, wie sehr den Hunden das Verhalten ins Erbgut geschrieben ist und welche Gene daran beteiligt sind.

Schwedische Forscher testeten in einer Studie mit 31 Rassen und 13100 Hunden, ob es bei den Tieren auch so etwas gibt wie die fünf Persönlichkeitsachsen bei den Menschen, die Psychologen die »großen Fünf« nennen. Das sind: Extraversion, also ob jemand gesellig ist oder nicht. Neurotizismus, wie ängstlich und verletzlich eine Person ist. Verträglichkeit, ob jemand Rücksicht auf andere nimmt und sich in sie hineinfühlen kann. Gewissenhaftigkeit, ob man ein Perfektionist oder schlampig ist. Offenheit für Erfahrungen, also ob ein Mensch neugierig und aufgeschlossen für neue Dinge ist. Die Hundeforscher fanden sehr ähnliche »Charakterachsen« bei den Vierbeinern, die von der Geburt bis zum Alter der Tiere stabil bleiben. Sie nannten sie »Spielfreudigkeit«, »Neugierde/Angstlosigkeit«, »Sozialität« und »Aggression«. Alle vier sind in den menschlichen »großen Fünf« irgendwie enthalten, beim Menschen kommt nur die »Gewissenhaftigkeit« dazu, die man bei Tieren nur schwer registrieren und messen kann. Andererseits würden manche Hundekenner sicherlich Deutsche Schäferhunde als gewissenhafte Streber bezeichnen und zum Beispiel Labradore eher als Hunde, die mitdenken und nur das Nötigste tun, es sei denn, es geht ums Leerputzen der Essschale, wo sie bedeutend gründlicher sind als Schäfer.

Die Forscher fanden keine Unterschiede zwischen den Rassegruppen nach der ursprünglichen Verwendung – die Jagdhundegruppen, Hüte- und Gebrauchshunde zeigten also keine charakteristischen Muster, dass eine verspielter, aggressiver, sozialer oder neugieriger / angstloser war als die andere. Sehr wohl gab es aber Unterschiede zwischen den Rassen. So waren die Flat Coated Retriever die Nummer eins bezüglich der Sozialkompetenz, gefolgt von Boxern, Labrador Retrievern, den offensichtlich zu Unrecht geächteten American Staffordshire Terriern und Golden Retrievern. Die verspieltesten Hunde sind laut der Studie Belgische Schäferhunde (Malinois), gefolgt von Flat Coated Retrievern, Deutschen Schäferhunden, Platz vier ist wieder ein gefürchteter »Listenhund«, nämlich der Rottweiler, der Border Collies auf Rang fünf verweist. Labrador Retriever erwiesen sich als am wenigsten ängstlich, dahinter reihten sich Parson Russel Terrier, Flat Coated Retriever, Malinois und American Staffordshire Terrier. Bezüglich der Aggression führten die verspielten Malinois das Feld wieder an, gefolgt von American Staffs, den angstlosen Parson Russel Terriern, den Hof hütenden Bernhardinern und dem beliebten Familienhund Australian Shepherd. Die Forscher merkten aber sogleich an, dass die Aggressionsniveaus bei allen Hunden sehr niedrig waren. Außerdem gab es große Unterschiede innerhalb der Rassen. Hunde sind also genau wie Menschen Individuen mit unterschiedlichen Charakteren.

Die schwedischen Forscher untersuchten auch, wie stark die Charaktereigenschaften vererbt wurden, also von den Eltern an die Kinder weitergegeben wurden. Am meisten Auswirkungen hatten die Gene des Vaters und der Mutterhündin bei der Verspieltheit, und zwar ein Viertel (0,25). Bei der Sozialkompetenz und Neugierde / Angstlosigkeit waren sie etwas weniger wichtig und machten ein wenig mehr als ein Fünftel aus (0,22). Am wenigsten erblich war die Charakterdisziplin Aggression (0,14). Hier sind also zu sechs Siebenteln die Umweltfaktoren entscheidend, und nur zu einem Siebentel die Gene. Was den Charakter eines Hundes also viel mehr prägt, als was auf seinem Erbgut steht, ist seine Umgebung und die Sozialisation. Sie steuern die Aktivität der Gene, was viel entscheidender für das Verhalten eines Tieres einschließlich des Menschen ist als der bloße Gentext ohne Kontext. Ob aus einem Hund ein verspielter Kinderfreund oder ein aggressiver Wadelbeißer wird, entscheiden also die Menschen, die sie aufziehen, maßgeblich.

Das unterschiedliche Verhalten von bestimmten Rassen kann sich auch deshalb unterscheiden, weil sie unterschiedlich gehalten werden. Wenn Golden Retriever den Ruf vom braven, kinderlieben Familienhund haben, werden ihn viele Leute kaufen, die ihn zu einem braven kinderlieben Familienhund erziehen wollen. Wenn eine als »Kampfhund« verschriene Rasse den Ruf hat, aggressiv und einschüchternd zu sein, werden ihn Leute kaufen, die aus ihnen aggressive, einschüchternde Gesellen machen wollen. Beides ist möglich, und zwar unabhängig von der Rasse. Das Einzige, was dabei möglicherweise eine Rolle spielt, ist die Körpergröße. Nur wenige Gestalten aus der Halbwelt werden sich etwa vor Zwergen wie Chihuahuas und Maltesern fürchten.

Gene und Verhalten

Die einzelnen Charaktereigenschaften sind immer von vielen Genen abhängig, das heißt einzelne Regionen auf dem Erbgut haben wenig Einfluss auf das Verhalten. Trotzdem haben die Forscher einzelne Zusammenhänge zwischen Genen und Verhalten gefunden, in der Regel handelt es sich dabei um die Vorlagen für Hormone:

Einer der ersten Kandidaten für ein Gen, das das Verhalten bei Menschen beeinflusst, ist Vorlage für eine Andockstelle (Rezeptor) des »Glückshormons« Dopamin. Die Forscher nennen es »DRD4« (Dopamin Rezeptor D4). Diese Andockstelle ist in einem Gehirnteil wichtig, der Emotionen verarbeitet und Triebverhalten erzeugt. Genauso wie bei Menschen gibt es bei Hunden unterschiedliche Varianten dieses Rezeptors. Je nachdem, welche Genvariante ein Hund trägt, kann er ein bisschen mehr oder weniger impulsiv sein oder eher Aufmerksamkeitsdefizite zeigen. Manche DRD4-Genvarianten beeinflussen auch die Erregbarkeit und Reaktivität der Hunde und somit ihren Hang zu Aggression. Deutsche Schäferhunde im Polizeidienst hatten sehr häufig bestimmte Genvarianten von DRD4, die für hohe Aktivität und Impulsivität stehen, so die Forscher. Solche Varianten waren bei Schäferhunden, die ausschließlich Familienhunde waren, kaum vorhanden. Das bedeutet, dass die aktuelle Verwendung und nicht die Rasse für verhaltensrelevante Genvarianten entscheidend ist.

Ein Gen macht Labradore zu Gourmands und kooperativ
Labrador Retriever sind sehr freundliche und gelehrige Hunde. Für die Besitzer ist auch ein Segen, dass sie für ein Stück Wurst, Käse oder Hundekeks so ziemlich alles tun. Sie gehen brav bei Fuß, kommen auf ein Rückruf-Kommando herbeigestürmt und apportieren ihr Spielzeug, wenn man sie dafür mit Futter belohnt. Der Labrador einer Kollegin in der Hundewasserrettung macht das zum Beispiel bei jedem, der ein paar Leckerlis für ihn in der Tasche hat.

Der Trick dabei ist, dass viele Labrador Retriever Mutationen in einem Gen namens »POMC« haben, das bei normalen Hunden und auch Menschen durch die Produktion zweier Botenstoffe im Gehirn ein Sättigungsgefühl hervorruft, wenn sie ausreichend gegessen haben, fanden Forscher der Universität Cambridge in England heraus. Je nachdem, wie viele Kopien des mutierten

Gens die Hunde hatten, umso dauerhungriger waren sie und umso öfter bettelten sie um Futter, stahlen sie es aus der Küche, suchten sie Essbares im Müll und umso aufgeregter waren sie zur Essenszeit. Dadurch verschafften ihnen diese mutierten Gene pro Kopie 1,9 Kilogramm Übergewicht.

Die Fressfreude macht die Hunde freilich ungemein kooperativ. Wenn für das Ausführen einer Aufgabe Futter winkt, erfüllen sie diese gerne. Bei den getesteten Familienhunden war etwa ein Viertel betroffen, bei Labradoren aus Arbeitslinien, die zum Beispiel als Jagdhunde, Assistenzhunde, Blindenführhunde, Rettungshunde und Therapiehunde jobben, waren es drei Viertel. Offensichtlich wählten die Züchter für solche Linien Tiere aus, die stärker auf Futter-Belohnungen reagieren und deshalb ihre Aufgaben schneller lernen. Das Ganze hat natürlich einen Haken: Die Tiere erleben selten ein freudiges Sättigungsgefühl und sind anfälliger für Fettleibigkeit.

Bei Flat Coated Retrievern gibt es auch diese Genvarianten, die Labradore offensichtlich dauerhungrig machen. Doch obwohl Flats ganz sicher keine Essensverweigerer sind, sind sie doch bei Weitem nicht so wild auf Futter und deshalb auch nicht so leicht mit Futter-Belohnungen davon zu überzeugen, tipptopp zu kooperieren. In der Hundeschule sind Flats zum Beispiel bekannt dafür, dass sie Übungen nur so oft machen, bis sie der Meinung sind, sie können sie schon gut genug. Dann fordern sie zum Beispiel die anderen vierbeinigen Kursteilnehmer zum gemeinsamen Herumtollen auf und haben nicht selten Erfolg. Zum Glück hatte ich einen prima Hundetrainer in der Retrieverschule, der diese Hunderasse sehr gut kannte und liebte. Während anderswo die anderen Trainer verärgert dreinblickten, dass ihr Kurs nicht so lief, wie es sein sollte, und »Schon wieder die Kleo« seufzten (und mich als Schuldigen meinten, der seinen Hund nicht unter Kontrolle hat), schmunzelte er breit, während er kopfschüttelnd »Jaja, die Kleo« rief.

Zahnlos aus dem Kofferraum – Epigenetik I

»Mein kleiner Welpe bekommt seine ersten Zähne, juhu! Jetzt kann er bald etwas ›Richtiges‹ futtern und nicht bloß faden Brei mummeln. Was geb ich ihm am besten zum Beißen, ein zähes Steak ist wohl zu viel fürs Erste, oder :-D!« Dieser Eintrag einer äußerst jungen Frau in einem Hunde-Forum verursachte vielen Lesern Gänsehaut.

In Österreich und Deutschland dürfen Welpen frühestens mit acht Wochen vom Züchter abgegeben werden, in der Schweiz erst mit zehn Wochen. In der dritten oder vierten Woche bekommen sie ihre ersten Schneidezähne, bis zur sechsten Woche normalerweise Backenzähne. Gesunde Welpen haben also schon ein komplettes Milchgebiss, wenn sie zu den neuen Besitzern kommen. Jedenfalls wenn dies legal nach einer angemessenen Zeit passiert.

Die ersten acht bis zehn Lebenswochen, die Welpen laut Gesetz bei ihrer Mutter verbringen müssen, sind eine sehr sensible Phase für ihre Gehirn- und Persönlichkeitsentwicklung. Aus dem warmen, behüteten Mutterleib kommen die kleinen, hilflosen Gesellen in eine furchtbar vielfältige Umwelt, in der alles neu für sie ist. Sie werden von verschiedensten Gerüchen und Tasteindrücken überflutet, und etwa ab dem zehnten Lebenstag öffnen sich auch ihre Augen und Ohren, sodass ein unbekanntes Geräusch und ein fremdes Bild nach dem andern durch die Neuronen ihres kleinen Gehirns jagen. Es muss all dies verarbeiten und einordnen, damit die Welpen schnell lernen, was gut und was schlecht für sie ist, was harmlos und was gefährlich ist, wer ihr Freund und wer ihr Feind ist. Dazu werden Unmengen von Schaltkreisen in ihrem Gehirn angelegt, neue Nervenzellen entstehen und werden verdrahtet. Wie die Wissenschafter jüngst herausgefunden haben, passiert auf ihrem Erbgut Ähnliches: Manche Gene bekommen quasi ein Lesezeichen, damit sie schnell zu finden sind und oft abgelesen werden. Andere werden als unwichtig markiert und so gut verpackt, dass sie sehr versteckt und im späteren Leben kaum aktiv sind. Durch diese »epigenetischen Veränderungen« wird eingerichtet, welche Gene miteinander verschaltet sind und welche ruhen. Diese Verdrahtungen sind ein ganzes Hundeleben lang stabil, funktionieren aber nur gut, wenn sie schon vor der Geburt und in den ersten Lebenswochen angelegt werden. Durch liebevolle Zuwendung der Mutterhündin, aber auch der Züchterfamilie werden zum Beispiel die Gene für zwei Hormone und Gehirn-Botenstoffe aktiviert, die für das spätere Sozialleben eine enorm wichtige Rolle spielen, nämlich Vasopressin und das als »Kuschelhormon« bekannte Oxytocin. Es verhindert soziale Ängste, hilft schlechte Erfahrungen zu verarbeiten, und stärkt die Bindung zur Mutter und anderen Rudelmitgliedern inklusive Menschen. Wie Wissenschafter bei verschiedenen Säugetieren gezeigt haben, fördert Oxytocin ein gutes Miteinander-Auskommen. Welpen, die zu früh von ihren Müttern getrennt wurden, fehlt also die Basis, dass sie sozial kompetent und verträglich sind und problemlos mit Menschen und anderen Hunden zurechtkommen. Noch dazu sind Tiere, die nicht von fürsorglichen Müttern aufgezogen werden, schreckhaft, unsicher und stressempfindlich, wie Forscher bei Ratten zeigten.

Bei den Nagern gibt es genau wie bei Menschen und Hunden Mütter, die ihren Nachwuchs sehr liebevoll betreuen, und solche, die sich lieber anders beschäftigen. Rattenmamis, die ihre Kleinen oft abschlecken und mit ihnen kuscheln, haben ausgeglichenen Nachwuchs, der schnell Neues lernt. Die Forscher entdeckten, dass bei neugeborenen Ratten ein für die Stressverarbeitung wichtiges Gen durch bestimmte Anhänge (Methylgruppen) nicht abgelesen werden kann und somit inaktiviert ist. Unter der Obhut von »Kuschelmüttern« verschwanden diese Methylgruppen eine nach der anderen, die Kleinen konnten Stress gut verarbeiten und entwickelten sich zu selbstbewussten, zutraulichen und lernfähigen Tieren. Bei Kindern von Rabenrattenmüttern blieb diese Blockade hingegen aufrecht und sie waren unsicher und schnell von neuen Eindrücken gestresst. Die Forscher konnten beweisen, dass dies nicht an den Genen selbst liegt, die sie von den Müttern und Vätern erben, sondern ausschließlich an deren Aktivierung und Nichtaktivierung nach der Geburt. Vertauschten sie nämlich die Jungen von fürsorglichen und nicht fürsorglichen Müttern, entwickelten sich diese entsprechend der Intensität der Pflege, die ihnen zukam, und nicht danach, wer ihre leiblichen Eltern waren. Dies zeigt, wie wichtig Zuwendung und eine liebevolle Sozialisierung für Säugetiere nach der Geburt sind. Was bei Hänschen oder Rexchen schiefgelaufen ist, wird Hans und Rex ein Leben lang verfolgen. Das heißt nicht, dass Hans und Rex zwangsweise zu paranoiden Psychopathen heranwachsen, aber sie werden es ihr ganzes Leben schwerer haben, mit anderen stressfrei zu kommunizieren, ihnen zu vertrauen, und ein wenig unberechenbar sein. Es gibt zwar auch bei den Nerven- und Erbgutverschaltungen Mechanismen, die im späteren Leben teilweise kompensieren können, was früher schiefgelaufen ist, aber es macht einen Unterschied, ob in den ersten Lebenswochen ein solides Fundament für das spätere Sozialleben gemauert wurde oder man auf Sand bauen muss.

Probleme können sich sogar über Generationen hinwegziehen, wie Forscher demonstrierten. Normalerweise werden die epigenetischen Markierungen bei der Befruchtung gelöscht, manchmal sind aber negative Ereignisse so stark verankert, dass sie Generationen überdauern. US-Forscher haben Mäusemännchen Angst vor einem Duftstoff eingeprägt (Konditionierung), der in ätherischen Ölen enthalten ist: Jedes Mal, wenn sie diesen Duft rochen, bekamen die Mäuse einen Stromschlag. Nach ein paar Mal zitterten sie schon, wenn sie den Geruch in der Nase hatten. Selbst wenn sie künstlich befruchtet wurden, ihre

Väter nie zu sehen bekamen und ihr ganzes Leben lang keinen Stromstoß erleiden mussten, hatten die Nachkommen mindestens zwei Generationen lang Angst vor diesem Duftstoff.

Bei diesen epigenetischen Verschaltungen spielen auch die Bedingungen vor der Geburt eine große Rolle. Welpen zeigen eine Vorliebe für das Futter, das ihre Mutter während der Trächtigkeit bekommen hat, wie Forscher zeigten. Bestimmte Geruchsstoffe, mit denen es angereichert ist, haben das Erbgut der Welpen so geschaltet, dass sie es als besonders lecker empfinden. Das wissen offensichtlich auch die großen Futterhersteller, die Züchtern gerne ihre Produkte sponsoren. Ob die Hunde diese oder jene Geschmacksvorlieben haben, ist für die Besitzer aber nicht wirklich entscheidend. Viel wichtiger ist, dass sie psychisch gute Voraussetzungen haben. Das ist nicht der Fall, wenn die Mütter massivem Stress, Schmerz oder Angst ausgesetzt sind, wie es für viele Hunde der Fall ist. Sie sind offensichtlich sehr billig zu haben und stammen von »Vermehrern«, oft aus Osteuropa, wo die Muttertiere bei jeder Läufigkeit befruchtet werden und in ehemaligen Schweineställen, Lagerhäusern oder Hinterhöfen in kleinen Kammern unter unzumutbaren, tierschutzrelevanten Bedingungen einen Wurf nach dem anderen haben, bis sie so ausgelaugt sind, dass sie keine Jungen mehr bekommen und ausgesetzt oder getötet werden. Das gilt vor allem für Moderassen, die in den westlichen Ländern beliebt sind, wie zurzeit etwa Französische Bulldoggen und Möpse, erklärt die Genetikerin Irene Sommerfeld-Stur. Mit diesen Billighundimporten wird ein Bedarf gedeckt, den die in Verbänden registrierten, geschulten und kontrollierten Züchter nie bedienen könnten. Ihre Zuchthündinnen können unter Einhaltung der nötigen Abstände zwischen zwei Würfen niemals so viele Welpen werfen, die dann im familiären oder zumindest sozial verträglichen Rudelverband aufwachsen, damit jeder, der in Österreich und Deutschland einen Hund haben will, auch einen kaufen kann. Schon gar nicht zu dem Diskontpreis von ein paar Hundert Euro, den die Vermehrer bei ihren Deals vor der Autobahnraststätte oder auf den Parkplätzen vor Hundeausstellungen verlangen. Welpen von seriösen Züchtern kosten je nach Rasse tausend bis zweitausend Euro, und dies ist gut investiertes Geld, wenn man wirklich einen Hund haben will. Wenn man so viel Geld nicht hat oder ausgeben will, ist es immer noch besser, ein Tier aus dem Tierschutz zu retten, als es in den Rachen der Tierquäler zu werfen, egal wie lieb und freundlich einen der Welpe aus dem Karton im Kofferraum anschmachtet. Viele von ihnen sind nicht geimpft, haben Parasiten und Krankheiten und sind so schwach und krank, dass sie die ersten Wochen bei den neuen Besitzern nicht überleben. Was gibt es Traurigeres, als wenn die Kinder sich über einen kleinen Welpen freuen, der bald tot ist. Kann der Tierarzt sie wieder aufpäppeln, ist dies oft nur auf Zeit und weitere Rechnungen für Behandlungen folgen. Außerdem sind ihre epigenetischen Markierungen mit großer Wahrscheinlichkeit so ausgeprägt, dass sie sehr ungünstige Voraussetzungen für ein unkompliziertes, artgerechtes Leben haben. Aus Studien bei Menschen ist bekannt, dass die Kinder von Müttern, die häuslicher Gewalt ausgesetzt waren, oft unsicher und ängstlich werden. Dies ist biologisch durchaus sinnvoll: Lebt die Mutter in einer Welt voller Gefahren, kann soziale Offenheit gefährlich sein. Besser ist es dann, wenn man sich zurückzieht oder bei einer Bedrohung der Erste ist, der zuschlägt oder -beißt. Das mag für Straßenhunde in Rumänien oder Mexiko durchaus überlebensfördernd sein, für Familienhunde in Wien, Salzburg, München, Ostfriesland und Bern sind das keine optimalen Voraussetzungen. »Eine gute Prävention vor Hundebissen wäre sicher, die Hunde nur von einem seriösen Züchter zu kaufen, die Welpen ordentlich zu sozialisieren, in einem familiären Umfeld aufwachsen und ihnen größtmögliche Zuwendung zukommen zu lassen«, sagt Sommerfeld-Stur.

Prägende Erfahrungen – Epigenetik II

Jungen Hunden muss man die Welt zeigen, in der sie ihr Leben verbringen werden. Sie brauchen die verschiedensten Umwelteindrücke, die epigenetisch einprogrammiert werden, um später adäquat damit umgehen zu können. Hatte ein Welpe zum Beispiel keinen Kontakt mit freundlichen Menschen, fehlt der Vermerk »Menschen sind toll« auf seinem Erbgut, und er wird sie immer ein wenig bedrohlich finden, schnell einmal anbellen und ihnen mit Abwehrhandlungen begegnen. Dasselbe gilt für andere Hunde genauso wie für Staubsauger, Rasenmäher, lärmende Kinder, Autos, Katzen, Radfahrer, Läufer und Flugzeuge.

Freilich sollte man einen kleinen Welpen nicht überfordern und mit zu vielen Dingen in kürzester Zeit bekannt machen. Eine Reizüberflutung stresst den Hund, das führt zur übermäßigen Ausschüttung des Stresshormons Cortisol, was unerwünschte Einträge ins Epigenom mit sich bringt.

Mit acht oder zehn Wochen ist die allersensibelste Phase bei den Welpen zwar vorbei, aber zumindest bis zur zwölften bis vierzehnten Woche sollten die neuen Besitzer die »Primärsozialisation« behutsam fortführen und dem Hund möglichst alles bekannt machen, was er später sehen, hören und fühlen wird. Ein Stadthund sollte zum Beispiel mit der Straßenbahn und Bussen gefahren sein, ein Landhund Mähmaschinen und Traktoren kennen. Man sollte ihnen die Welt zeigen, mögliche Ängste der Vierbeiner ernst nehmen und abbauen helfen. Rettungssirenen, Feuerwerkslärm und Gewitterdonner kann man ihnen mit steigendem Lautstärkepegel von speziellen CDs vorspielen, damit sie zu Silvester oder bei Sommergewittern nicht vollkommen verängstigt werden. In einer guten Hundeschule sollen sie lernen, dass es Spaß macht, mit anderen Welpen zu spielen, aber hier ist Vorsicht angebracht. Bei einer Horde Halbstarker kommt es rasch vor, dass einer von der Gruppe gemobbt wird oder ein Rowdy sich ein schwaches Opfer sucht und sekkiert. Hier sollte man die Hunde sofort trennen. Wenn man in einer Hundeschule ist, wo die Hunde regelmäßig »als Belohnung« für die Kooperation mit Herrchen und Frauchen in der Stunde anschließend ungehemmt tollen, raufen und mobben dürfen, ist es besser, immer gleich nach den Übungen abzuhauen. Noch besser: Man sucht sich eine andere, die nicht nur auf Unterordnung, sondern auch auf eine gelungene Sozialisation Wert legt.

Auch die Pubertät, die je nach Hunderasse und Individuum meist zwischen acht und sechzehn Monaten passiert, ist durch die Umstellungen im Hormonhaushalt des Tieres eine sensible Phase für das Gehirn und die epigenetischen Schaltungen.

Es ist wissenschaftlich eindeutig belegt, dass ein Welpe von einem seriösen Züchter einen viel besseren Start ins Leben hatte und von diesem Vorteil sein ganzes Hundeleben lang zehrt. Seriöse Züchter findet man in Österreich, Deutschland und der Schweiz bei den verschiedenen Rasseverbänden, von denen sie in der Regel auch kontrolliert werden.

Jeder Hundebesitzer profitiert von einem Hund aus seriöser Zucht, der aus dem Schoß einer ausgeglichenen, ungestressten Hündin stammt und der in einem kleinen Rudel mit souveränen und sozial kompetenten Hunden aufgewachsen ist, die bei den Züchtern im familiären Umfeld leben. Die Kleinen lernen dort schon beim Säugen, dass sie nicht die Einzigen auf der Welt sind, messen sich im Spiel mit ihren Geschwistern, und die erwachsenen Hunde zeigen ihnen freundlich, aber bestimmt die Grenzen auf, wenn sie zu frech werden. Ein Welpe von einem Vermehrer, der von seiner Mutter getrennt wird, kaum dass er die Augen geöffnet hat, ist nicht sozialisiert, und sein Erbgut weist lauter »soziale Fehlschaltungen« auf, die nie wieder perfekt in Ordnung zu bringen sind.

»Mummelchen« hatte also, was seine epigenetische Grundausstattung betrifft, sicher nicht die besten Voraussetzungen.

Man hat ihn viel zu früh von seiner Mutter getrennt, und er hat seine ersten Lebenstage und -wochen wohl kaum in einer artgerechten, die Entwicklung und Sozialisierung fördernden Umgebung verbracht. Allerdings hatte er mit seiner neuen Besitzerin offensichtlich sehr viel Glück. Sie holte sich Ratschläge, ließ sich nicht dadurch beirren, dass ihr allerliebster Liebling nicht aus solch einer guten Stube stammte, wie sie vielleicht gedacht hatte, und in jedem ihrer Forumseinträge blitzte lichterloh durch, dass sie alle Zeit und Mühe auf sich nehmen würde, damit es der kleine Wicht mit den nunmehr wölfisch spitzen Zähnen gut bei ihr hat.

Unverschämte Züchter

Mein Ex-Nachbar hatte einmal einen Alaskan Malamute, er schwärmte von dem netten, kinderlieben Wesen des Schlittenhunds und erzählte, wie viel er mit ihm Laufen und Radfahren gewesen ist. Er hatte einen Trainingswagen, also quasi einen Sommerschlitten, im Keller stehen. Der Hund hatte ein angemessenes Alter erreicht, war aber vor ein paar Jahren gestorben. Andreas hatte mittlerweile eine Frau und zwei kleine Kinder, und die junge Familie setzte sich an einem Samstagmorgen ins Auto und fuhr vom Stadtrand Wiens nach Kärnten zu der Züchterin, wo sein erster Hund herstammte. Sie erwartete wieder Welpen, davon waren noch einige wenige zu vergeben. Sie wollte aber Andreas' Familie kennenlernen, und er sollte bitte ein paar Bilder von der Wohnung und der Umgebung mitnehmen, in der ihr Welpe später leben könnte.

Als ich ihn am Sonntag traf, war ihm die Enttäuschung ins Gesicht gebrannt. Die Züchterin wusste, dass ihr Malamute ein wunderbares Leben bei ihm gehabt hatte. Sie würde ihm auch jederzeit wieder einen Hund anvertrauen. Wenn die Umstände passten. Sie fände seine Wohnung für so viele Bewohner nicht sehr groß und ein Garten wäre von Vorteil sowie weniger

Stadtnähe: Zurzeit habe er wegen der kleinen Kinder auch viele familiäre Verpflichtungen, ein Hund wäre eine zu große zusätzliche Belastung, entweder dieser oder Kinder und Partnerschaft würden dadurch leiden. Sie sagte ihm auch, dass dies nicht ihr letzter Wurf sei.

Andreas meinte, dass sie zu pessimistisch war. Er sah sich weiter um, denn er wollte einen Hund. Jetzt. Den Malamute würde er gerne in ein paar Jahren dazunehmen. Er sah sich sowieso schon einige Zeit nach einem Haus mit Garten um.

Bald hatte Andreas einen zuckersüßen Australian Shepherd. Twix war wunderschön und quirlig, aber zugleich extrem schüchtern und schnell zu erschrecken. Er war einer Züchterin quasi übrig geblieben, weil ihn alle potenziellen Käufer für überängstlich angesehen hatten. Er bellte fremde und nicht ganz so fremde Menschen und Hunde aus der sicheren Entfernung an, damit sie ihm nicht zu nahe kamen. Ich blieb stehen und ließ ihn von sich aus die zwei Meter zu mir herkommen, was er innerhalb von gut fünf Minuten auch Zentimeter für Zentimeter tat. Er ließ sich ein wenig später sogar auf dem Bauch kraulen, doch bei der nächsten Begegnung spielten wir dasselbe Ritual in der gleichen Zeit noch einmal durch. Kleo war radikaler mit ihm. Mit unendlicher Freundlichkeit schritt sie auf ihn zu, aber nicht frontal, sondern so, dass sie seitlich neben ihm zum Stehen kam. Auf der anderen Seite war eine Wand, also konnte er nicht aus. Er stand mit schlaff herunterhängendem Schwanz und gesenktem Kopf vollkommen entwaffnet da. Kurz darauf spielten sie wie die ewig besten Freunde.

Doch es kam, wie es kommen musste. Viele Nachbarn und Spaziergänger gingen zu direkt auf Twix zu. Er bellte immer früher und wilder. Andreas versuchte bei solchen Begegnungen Ruhe auszustrahlen, war aber innerlich am Verzweifeln. Twix wurde kastriert, weil der Tierarzt dies als Hoffnungsschimmer ansah. Vorübergehend besserte sich sein Verhalten, aber das war wohl mehr von Hoffnung getragen als von Tatsachen. Andi gab Twix für eine Woche oder zwei zu einem Freund, der ein Haus mit Grundstück hatte, wo Twix sich austollen konnte, ohne jederzeit auf Hunde und Menschen zu stoßen. Twix wohnt dort immer noch, ist glücklich und auch in der Öffentlichkeit zwar noch vorsichtig, aber im Vergleich zu früher viel gelassener.

Manche Leute finden Züchter unverschämt, die sie »nach Strich und Faden ausfragen« und »sehr private Dinge wissen wollen«, um dann »für einen Welpen 1.500 Euro einzustreifen«. Gute Züchter sorgen sich aber nicht nur um die Erbgutlinie ihrer Hunde, dass sie keine Erbfehler tragen, kein erhöhtes Krankheitsrisiko ihnen in jungen Jahren wehe Gelenke oder Krebserkrankungen beschert, sie vom Wesen, Aussehen und Gehabe den jeweiligen Rassestandards genügen und in Ausstellungen brillieren. In erster Linie wollen sie, dass ihre Lieblinge glücklich werden und in gute Hände geraten. Ich kenne Leute, die aufgehört haben zu züchten, weil sie bei ein paar Welpen in jedem Wurf Bauchweh hatten, sie an guten Plätzen unterzubringen.

So unterscheidet man seriöse Züchter von Vermehrern

Bei einem guten, seriösen Züchter kann man gerne den Spieß umdrehen und ihn genau über die Mutterhündin, den Vater und die Welpen ausfragen. Er wird bereitwilligst antworten, falls er nicht sowieso gleich am Telefon und später bei einem Besuch von sich aus mit allem herausprudelt. Eine Visite sollte man sich auf keinen Fall sparen. Wenn möglich, schon bevor die Welpen auf der Welt sind, denn dann kann man sich in Ruhe die Mutterhündin und ihr Wesen ansehen und überlegen, ob man so einen Hund haben will oder sich lieber eine andere Rasse ansieht. Als wir vor Kleos Geburt die Züchterin besuchten, wurden wir von der zukünftigen Mutter, Oma und drei weiteren

Flat Coated-Retriever-Mädels freudig begrüßt. Die Oma der damals noch nicht geborenen Kleo nahm den Unterarm meiner Tochter sanft ins Maul und führte sie durchs Haus. Wir hatten Spickzettel dabei, was wir alles fragen sollten, es gibt dafür praktische Listen im Internet. Wir kamen aber nicht dazu, eine dieser Fragen zu stellen, weil die Züchterin sowieso alles Wichtige erzählte. Warum sie ihre Hündin gerade mit diesem Rüden paarte, welche Untersuchungen, Wesenstests und Prüfungen sie mit ihr schon gemacht hatte, welche Gesundheitsvorkehrungen sie für die Zeit nach der Geburt für die Welpen plante.

Sie zeigte uns den Bereich, in dem die Welpen ihre ersten Wochen verbringen würden, den Garten, wo sie ein bisschen später herumtollen würden, was sie alles mit ihnen unternehmen würde, um sie zu sozialisieren – wie etwa Kinderbesuche organisieren, damit die Hunde später mit diesen etwas ungestümen, unberechenbaren Zweibeinern zurechtkommen, Autofahrten zur Gewöhnung unternehmen und vieles mehr – und wie sie aussuchen würde, welcher Welpe sich für welchen zukünftigen Besitzer eignet.

Ich habe schon von vielen Leuten, einschließlich erfahrenen Hundetrainern, Rettungshundeführern und anderen Hundesportlern, gehört, dass sich in ihrem Fall der Welpe sie als Besitzer ausgesucht hat. Als sie die Welpen das erste Mal besuchten, sei einer von diesen gleich auf sie zugekrochen oder getapselt und hätte ihre Hand geleckt. Damit wählt man mit Sicherheit einen ganz speziellen Welpen aus: Jenen beliebigen, der aus irgendeinem Grund gerade munter ist. Manche glauben, dass sie dann den lebhaftesten erwischen, aber der kann in diesem Moment gerade tief und fest schlafen, weil er vorher eine Stunde auf den Beinen war und die ganze kleine Welt um ihn herum erkundete. Sein Hirn verarbeitet dies vielleicht gerade, und deshalb ist er vollkommen weggetreten und wacht nicht einmal auf, wenn Besuch da ist. Der herbeigeeilte, neugierige

Welpe hat hingegen vorher eine Zeit lang geschlafen, was er sonst auch ausgiebig tut. Genau dies passierte, als wir einmal eine Freundin besuchten, die mit Kleos Schwester züchtet und gerade zwei Welpen hatte. Einen rundlichen, besonnenen Gemütlichtuer und einen verwegenen Im-Garten-Herumstreuner. Ersterer kam uns begrüßen, letzterer schlief wie bewusstlos.

Die Züchter kennen ihre Welpen von Geburt an und beobachten sie acht Wochen oder länger Tag und Nacht. Sie können ihre Charaktere abschätzen und beurteilen, ob sie als Jugendliche und Erwachsene eher vorsichtig oder draufgängerisch, eher ruhig oder quirlig, eher scheu oder menschenverliebt sind. (Kleo ist in allen drei Fällen das Letztere) Sie fragen die zukünftigen Besitzer auch deswegen aus, was sie mit den Hunden vorhaben, um ihnen den richtigen Welpen anbieten zu können. Ein junger Mensch, der viel läuft und Rad fährt, wird mit einem anderen Hund besser zurechtkommen als ein Senior, der gerne lange Wanderungen unternimmt. Stubenhocker, die gerade einmal ihrem Tier die Gartentüre aufmachen würden, sollten sich keinen Hund, sondern eine Katze zulegen. Hunde brauchen Partner, die mit ihnen tolle Dinge unternehmen, Katzen Angestellte. Jemand, der schon Hunde hatte und viele verschiedene Dinge wie Hundesport, Geschicklichkeitsprüfungen, Rettungshundearbeit oder Ähnliches mit ihm vorhat, wird mit einem anderen Welpen glücklicher, als ein Neuling, der froh ist, wenn der Hund ein friedvoller, ruhiger Kuschelpartner ist.

Seriöse Züchter bieten aber auf keinen Fall mehrere Rassen an, sondern haben sich auf eine oder maximal zwei spezialisiert. Signalisiert jemand, dass er ständig Welpen und alle gewünschten Rassen zur Verfügung hat, ist das ein ganz schlechtes Zeichen. Dann hält er sich vermutlich Gebärmaschinen anstatt Familienhündinnen oder verkauft bloß Welpen aus dubiosen Bedingungen weiter. Seriöse Züchter betreuen höchstens einen Wurf auf einmal und sind davon körperlich und nervlich völlig ausgelastet bis leicht überlastet. Sie kommen ganz sicher nicht mit herzzerreißenden Geschichten vom tragischen Tod der Mutterhündin und den lieben Waisenwelpen, die sie per Hand aufgezogen haben. Mit dieser Mitleidsmasche, die natürlich nie so stimmt, verkaufen unseriöse Vermehrer jährlich Abertausende Welpen in Österreich, Deutschland und anderen westlichen Ländern. Bei einem guten Züchter kann man die Mutterhündin sehen, und sie wird wie jede gute Mutter mit Babys ein wenig geschafft, aber gesund und freundlich sein. Eine Labrador-Retriever-Hündin muss zum Beispiel jeden Tag bis zu drei Liter Muttermilch für ihre Jungen produzieren. Diese Kraftnahrung besteht aus 60 Prozent Fett und 31 Prozent Eiweiß. Eine stillende Menschenfrau braucht für ihr Baby gerade einmal einen drei viertel Liter. Ein Züchter muss seine Mutterhündin deshalb mit Spezialfutter bedienen, damit sie nicht klapperdürr und vollkommen ausgezehrt wird. Wenn die Hündin niemanden zu den Welpen lässt, sondern aggressiv reagiert, obwohl der Züchter dabei ist, ist das ein schlechtes Zeichen. Sie sollte ihm und anderen Menschen vertrauen, dass sie ihren Jungen nichts tun. Die Umgebung sollte sauber sein und die Welpen nicht in ihren Exkrementen liegen. Die Mutter und Welpen sollten bei der Familie wohnen und nicht in einem Zwinger im Hof. Es passiert leider immer wieder, dass einzelne Welpen bei oder kurz nach der Geburt sterben. Ein seriöser Züchter hat diese aber vom Tierarzt untersuchen lassen und kann Ihnen den Grund dafür nennen oder zumindest sagen, dass es keine Infektionskrankheit oder Erbkrankheit war, die andere Welpen auch haben könnten.

Ein seriöser Züchter lässt seine Welpen entwurmen, impfen, untersuchen und chippen, wie es gesetzlich vorgeschrieben ist. Er gibt Ihnen ein Stoffspielzeug oder eine Decke mit dem Geruch der Mutterhündin mit, damit sich der Kleine in seiner neuen Umgebung nicht so fremd fühlt. Er gibt Ihnen so viele Tipps und Ratschläge, wie Sie dem Welpen das Beste tun können, dass Ihnen der Kopf platzt, wenn Sie nicht mitschreiben.

Ein seriöser Züchter ist Mitglied im Verband oder Verein der jeweiligen Rassen. Manche davon schreiben penibel vor, was die Züchter alles machen und können müssen, um ihre Rassen gesund, freundlich und der jeweiligen Aufgabe als Jagdhund, Gebrauchshund oder Familienhund fähig zu halten. Sie schicken »Zuchtwarte« nach jedem Wurf, um die Mutterhündin, die Welpen und die Begleitumstände kontrollieren zu lassen. Für die Züchter und auch die im Verband ehrenamtlich oder berufsmäßig Tätigen ist das viel Arbeit, die auch Geld kostet, aber für das Wohl der Tiere wichtig ist.

1.500 Euro sind deshalb für einen Hobbyzüchter, der alle paar Jahre einen Wurf, aber in der Zwischenzeit unendlich viele Aufgaben und Ausgaben hat, bei dem sich dann acht Wochen Tag und Nacht die Welt um seine Welpen dreht, nicht einmal annähernd ein Ausgleich der Spesen. Er gibt Ihnen übrigens auch einen Kaufvertrag und die Garantie, dass er den Hund jederzeit zurücknimmt, wenn Sie mit ihm nicht zurechtkommen und es Probleme gibt. Er tut dies zum Wohle seiner Welpen, denn es gibt wohl nichts Schlimmeres für einen Züchter, als über einen Zufall zu erfahren, dass einer seiner Hunde wegen dieser und jener, mit größter Wahrscheinlichkeit durch unsachgemäße Sozialisation und Erziehung entstandenen Macke eingeschläfert oder in ein Tierheim gesteckt wurde.

Andreas und seine Familie haben jetzt übrigens eine Wohnung mit Garten. Ich habe ihn schon länger nicht gesehen, wir sind am selben Tag von der Siedlung an der Wiener Stadtgrenze fortgezogen. Ich bin mir aber sicher, er hat die Kärntner Malamutes nicht vergessen und ist mittlerweile um einige Erfahrungen reicher. Zum Beispiel, dass andere Leute manchmal doch recht haben und einige Dinge auf den richtigen Zeitpunkt warten müssen.

DAS RESULTAT

Das Wesen eines Hundes am Prüfstand

Der Erbtext selbst und Vermerke darauf, die Gene zugänglicher oder versteckter machen, bestimmen also den individuellen Charakter eines Hundes, man nennt dies auch ihr »Wesen«. Manche Rasseverbände verlangen schon seit einiger Zeit, dass die Züchter sogenannte Wesenstests mit ihren Hunden machen, bevor sie diese verpaaren dürfen. Sie wollen damit erreichen, dass das rassetypische Verhalten nicht verloren geht. Bei den Retrievern, die zum Bringen von abgeschossenem Kleinwild und abgeschossenen Vögeln gezüchtet wurden und werden, müssen die Hunde zum Beispiel »Bringfreude« demonstrieren und Gegenstände von sich aus apportieren. Sie müssen freiwillig ins Wasser springen, denn sonst wären sie ja zum Beispiel für die Entenjagd unbrauchbar. Sie sollen sich als Jagdhunderasse nicht vor Schussgeräuschen schrecken. Sie dürfen aber auch keinerlei Aggression gegenüber anderen Hunden und Menschen zeigen. Solche Tests gibt es für die meisten Rassen, und sie machen sehr viel Sinn, denn es wird ohnehin zu sehr nach Äußerlichkeiten als nach Charaktereigenschaften gezüchtet. Erstens ist das leichter, weil Körpermerkmale viel stärker erblich und damit besser züchterisch zu handhaben sind. Zweitens kaufen die meisten Welpenanwärter die Hunde ohnehin fast nur nach dem Aussehen und kommen erst hinterher darauf, welche Eigenheiten ihr Hund aufgrund seiner Rassezugehörigkeit, Linie oder Zuchtstätte mit sich bringt.

Wesenstests tragen sicher viel dazu bei, dass Hunde einer bestimmten Rasse bestimmte Aufgaben möglichst gut erfüllen können und bestimmte Charaktereigenschaften erhalten bleiben. Ihre Aussagekraft hat aber Grenzen. Die meisten solcher Sachen kann man nämlich üben, und das wird von den Züchtern beflissen praktiziert. Kein Züchter will nämlich, dass seine Lieb-

linge und Vorzeigehunde schlecht bei einem Wesenstest ab-
schneiden, weil er sich dann nicht nur vor den anderen blamiert,
sondern auch keine Chance hat, die bestprämierten Rüden und
Hündinnen für seine Wunschverpaarungen zu bekommen.
Diese Wesenstests haben also auch ihre Grenzen. Die deutlichsten
davon nennen sich Züchterehrgeiz und Verbandsstrukturen.
Trotzdem sind sie ein absolut sinnvolles Instrument, um nur
sozial verträgliche Hunde mit rassetypischen Verhaltensweisen
zur Zucht zuzulassen.

Viel aussagekräftiger sind Wesenstests, wenn sie von unab-
hängigen Forschern entworfen und durchgeführt werden. Zum
Beispiel haben schwedische Forscher einen sogenannten »Hunde-
mentaltest« (Dog Mentality Assessment – DMA) entwickelt
und bei einer großen Anzahl von Hunden getestet. Sie fanden
dabei nebenher heraus, dass die Evolution bei den Hunden
keineswegs stillsteht, sondern sich die Vierbeiner stark an die
moderne Welt anpassen.

Neue Aufgaben verändern das Wesen der Hunde
Vor allem in der westlichen Welt verschwinden die ursprünglichen Aufgaben der Hunde rapide. Nur wenige von ihnen
werden zum Jagen, Hüten und Bewachen von Schafen und
Rindern, Fischernetze-Einholen oder Lasten-Ziehen gebraucht.
Die meisten leben in Familien als Haustiere und haben allenfalls eine Nebenbeschäftigung und Hobbys, die sie mit ihren
Besitzern ausüben. Sie wurden von Gebrauchstieren vor allem
zu Objekten der Zuneigung. Außerdem geht es viel mehr um
ihr Aussehen, während früher ihr Können im Vordergrund
stand. Aber auch ihre Umwelt hat sich stark gewandelt. Sie
müssen öfters allein in der Wohnung sein, dürfen nicht mehr
am Hof oder in Ortschaften herumstreunen, müssen mit mehr
fremden Hunden und Menschen umgehen, die sie nur kurz
kennenlernen und am besten komplett ignorieren sollen, und

es gibt viel mehr verschiedene Gerüche, Geräusche und andere Umwelteindrücke als früher. All dies prägt sie, und sie werden nach ganz anderen Anforderungen gezüchtet. Bei manchen Rassen wechselte auch die Funktion: Deutsche und belgische Schäferhunde waren, wie der Name schon sagt, zunächst Hunde von Hirten, die Herden zusammenhielten und beschützten. Heute sind sie Gebrauchshunde für die Polizei, das Militär und andere Einsatzzwecke geworden und natürlich sehr populäre Familienhunde.

Laut den Mentaltests der schwedischen Forscher unterscheiden sich die Hunde, je nachdem, ob sie als Arbeitshunde für die Jagd oder den Polizeieinsatz gezüchtet werden, ob sie in Shows brillieren sollen oder ob sie populäre Modehunde für Familien sind. Die Forscher haben zum Beispiel herausgefunden, dass Showhunde weniger verspielt, weniger sozial und weniger aggressiv sind als andere. Sie müssen bei den Wettkämpfen im Showring unbeeindruckt von anderen Hunden, unbekannten Menschen und der Umgebung im Kreis gehen, sich ruhig und elegant positionieren und zum Beispiel vom komplett fremden Richter ins Maul schauen lassen, ob ihr Gebiss wohlgeformt ist und alle Zähne da sind. Vor der Show werden sie stundenlang getrimmt, gebürstet und geschniegelt und dürfen dazwischen nicht spielen, herumlaufen oder durch Pfützen und Wiesen tollen, weil sonst der ganze Aufwand für die Katz wäre. Das begünstigt natürlich ruhige und eher phlegmatische Individuen als Showchampions, die dann hochbegehrte Paarungsanwärter sind. Populäre Familienhunde zeichnen sich hingegen dadurch aus, dass sie eher verspielt und sozial und neutral bezüglich Neugierde/Ängstlichkeit sowie Aggressivität sind, so die Forscher. Die Showhunde-Selektion wirkt demnach gegen die Wünsche der Wald-und-Wiesen-Hundebesitzer, also gegen die Familienhund-Selektion. Die meisten Welpen-Anwärter, die bei den Züchtern auftauchen, wollen keine ruhigen Schlaftabletten, sondern lebhafte, lustige Gesellen, zumindest am Anfang, bis sie draufkommen, dass ein schlauer, agiler Hund viel anstrengender werden kann als ein dummer und fauler. Dies hat zum Beispiel ein bekannter deutscher »Hundeflüsterer« wohl erkannt, der bei Fernsehinterviews damit prahlt, dass er bei den Züchtern lange sucht, um einen möglichst einfältigen Hund zu finden, weil mit dem alles einfacher ist. Neben den Showlinien gibt es bei vielen Hunderassen wie bei Settern, Labradoren und Golden Retrievern sowie Deutschen und Belgischen Schäfern auch Arbeitslinien. Diese werden zum Beispiel für die Jagd und den Schutzdienst gezüchtet und sind auch als Rettungshunde beliebt, denn sie sind in der Regel lernwilliger und besser trainierbar. Die schwedischen Forscher fanden heraus, dass solche Linien vom Charakter her verspielter sind. Man kann bei ihnen also leichter den Willen wecken, bei tollen, interessanten Dingen mitzumachen, und sie dadurch mit positiver Bestätigung verschiedenste Aufgaben lehren. Allerdings sind sie auch aggressiver als Showhunde, was auch ganz verständlich ist, denn sowohl bei der Jagd als auch in der Polizeiarbeit müssen sie sich bei Bedarf durchsetzen können.

Was für einzelne Familien und zukünftige Besitzer die optimale Quelle ist, ist also schwer zu sagen. Mit einem Nachkommen von Showhunden kann man wahrscheinlich nicht viel falsch machen, wird aber auch nicht so leicht einen Agility-, Rettungshunde- oder Schutzsportstar aus ihm machen. Ein Hund aus einer Arbeitslinie jagt gerne, auch wenn er das auf Wald- und Wiesenspaziergängen nicht machen darf, und möchte auch mehr ausgelastet sein. Es gibt Züchter, die Arbeits- und Showlinien mischen, doch welcher Charakter sich dann durchsetzt, ist eher Glückssache. Meist nicht das gewünschte Mittelmaß, sondern eines von beiden. Manche Hunde wie Eurasier werden extra als Familienhunde gezüchtet, haben aber auch ihren ganz speziellen Charakter. Ich finde es großartig, wenn es keine speziellen Show- und Arbeitslinien gibt, also auf das »Gesamtwerk« geschaut wird. Das ist bei den nicht so populären Rassen wie Flat Coated und Chesapeake Bay Retrievern zum Glück noch der Fall, weil dort offensichtlich die Nachfrage noch nicht so groß ist, dass sich eine Aufspaltung lohnt. Hier müssen die Züchter ein gesundes Mittelmaß erreichen, und die Hunde brillieren dann in Shows und im Feld gleichermaßen, auch wenn reine Spezialisten in manchen Aspekten natürlich besser sind.

Was die meisten Hundeanwärter wollen, ist freilich ein nicht-aggressiver, nicht-ängstlicher, hochsozialer und leicht trainierbarer Hund, der sich am besten selbst erzieht und gut im täglichen Leben funktioniert. Solche Wunderwuzzis gibt es natürlich nicht, genauso wie es keine perfekten Menschen gibt. Mit DMA-Tests könnte man allerdings schon einen Schritt in Richtung optimaler Familienhund machen. Allerdings ist die genetische Mitgift nicht einmal die halbe Miete. Die Erblichkeit der Verhaltenseigenschaften ist äußerst beschränkt und die Erziehung und Sozialisation viel wichtiger. Der Großteil dieser Arbeit liegt also bei den Menschen. Sie müssen sich einen guten Züchter suchen und selber kräftig daran arbeiten, einen gut sozialisierten, nicht-aggressiven, nicht-ängstlichen Hund zu besitzen. Doch das ist erstens keine Zauberei und macht zweitens Spaß.

Driftende Gene – die Rassen verschwimmen
Sämtliche Rassen entstanden durch Zucht auf ein bestimmtes Arbeitsziel. Heute sind die meisten Vierbeiner aber »nur« Familienhunde ohne spezielle Aufgabe und haben höchstens einen Nebenjob. Dadurch können rassespezifische Merkmale schwächer werden oder ganz verschwinden. Dafür ist der sogenannte »genetische Drift« verantwortlich. Werden Hunde einer Rasse nicht mehr speziell nach einer bestimmten körperlichen Eigenschaft oder einem ganz speziellen Verhalten gezüchtet, dann

hält unter Umständen nichts mehr die dafür verantwortlichen Gene in der Population. Wurde in einer Hunderasse ein Merkmal ganz stark fixiert – wie zum Beispiel bei Beagles, dass sie mit lautem Gebell jeder und so wirklich jeder Spur folgen, egal ob hinter ihnen der Besitzer ruft, schimpft, lockt oder bettelt, dass sie doch bitte zurückkommen mögen – und gibt es bei einer Rasse praktisch keine Exemplare, die dieses Verhalten nicht zeigen, dann wird es auch nicht schwächer werden oder verschwinden, solange zum Beispiel Beagles mit Beagles Welpen kriegen. Gab es aber von Anfang an eine gewisse Varianz und ist die Zeitspanne kurz, wo auf dieses Verhalten gezüchtet wurde, wie das Hundekämpfe bestreiten bei Pit-Hunden, und die Zeitspanne lang, die seitdem vergangen ist und sie liebe Familienhunde sein sollen, dann entdriftet mögliches aggressives Verhalten gegen andere Hunde aus der Population.

PROBLEMFELDER

Angst

Es ist für vierbeinige Fellnasen alles andere als einfach, sich in der modernen Welt der Menschen zurechtzufinden. Sie können viele Dinge nicht einschätzen und einordnen und haben deshalb oft davor Angst: Silvesterknaller, der Schuss eines Jägers im Wald, Donnergrollen, heranratternde Züge, Staubsauger, Rasenmäher, der Müllwagen, Menschenmengen und vieles mehr sind laut oder groß oder beides und daher bedrohlich. Manchmal haben sie auch Angst vor etwas oder jemand ganz Speziellem, mit dem sie schlechte Erfahrungen gemacht haben. Tierheimhunde fürchten sich oft vor Männern, weil sie von einem solchen geschlagen wurden, andere meiden Kinder, rutschige Böden oder den Wassersprenger im Garten. Diese Ängste sollte man ernst nehmen und mit geeigneten Mitteln behandeln, zum Beispiel durch »systematisches Desensibilisieren«. Dies ist eine Methode, die auch in der Verhaltenstherapie für Menschen zur Anwendung kommt und dort sehr erfolgreich ist. Man konfrontiert den zwei- oder vierbeinigen Klienten dabei mit ganz niedrigen Dosen des angstauslösenden Reizes und gewöhnt ihn so daran. »Der Stressor muss aber immer auf einem Level präsentiert werden, das gerade so hoch ist, dass ihn der Hund wahrnimmt, aber nicht so hoch, dass er Angst davor bekommt«, erklärt Bradshaw. Fürchtet sich der Hund zum Beispiel vor dem dröhnenden Staubsauger, lässt man diesen am besten zunächst abgeschaltet in einer Zimmerecke herumstehen. Später stellt man ihn in die Zimmermitte. Ignoriert er ihn auch dort, führt man den Staubsauger nach längerer Zeit ausgeschaltet durch die Wohnung. Psychologen nennen dieses Lernphänomen »Habituation«: Die Reaktion auf ein Ereignis lässt nach, wenn es keine Konsequenzen hat. Später dreht man den Staubsauger auf, aber bitte nicht unmittelbar neben dem Panikpatienten. Wichtig ist, die Stärke des Angstreizes nur ganz vorsichtig zu erhöhen und niemals den Punkt zu überschreiten, wo der Hund Furcht zeigt, so der Experte. Überschreitet man diese Schwelle, kann man von Neuem anfangen. Wenn man Pech hat, hat man sogar das genau Umgekehrte erreicht: Den Hund weiter für ein Problem sensibilisiert.

Mit ausreichend Leckerlis kann man den Gewöhnungseffekt beschleunigen. Man stellt den Staubsauger ins Zimmer, und wenn der Hund ihn ansieht, steckt man ihm rasch eines zu. Guckt er weg, gibt es keine Belohnung. Als nächsten Schritt fährt man damit im Zimmer herum, und wenn der Hund hersieht, wirft man ihm ein Leckerli hin. Man dreht das »unheimliche Ding« auf, der Hund bekommt zu naschen. Diese Methode nennt man »Gegenkonditionierung«. Ein unangenehmer Reiz wird durch ein positives Erlebnis abgeschwächt, bis er gar nicht mehr als negativ empfunden wird.

Bei Angstauslösern, die man nicht einfach wegräumen und abdrehen kann, ist die Geschichte schwieriger. Silvesterknaller und Gewitter machen zum Beispiel einen Höllenlärm, und der angsteinflößende Reiz kommt unvermittelt. Man kann sich aber im Internet Geräuschdateien herunterladen oder spezielle Klang-CDs kaufen, die man dem Hund zunächst ganz kurz und leise und später immer lauter vorspielt, um ihn zu desensibilisieren. Leider funktioniert das meistens mehr schlecht als recht. Unsere schlauen Vierbeiner können in der Regel unterscheiden, ob sie einer Geräuschberieselung aus dem Lautsprecher oder einem echten Feuerwerk oder Gewitter ausgesetzt sind. Aber auch hier kann man mit der Gegenkonditionierung arbeiten: Es donnert, der Hund bekommt ein Stück Wurst. Die Nachbarn böllern, Hund erhält zum Trost leckeren Käse. Weil man die Intensität des unangenehmen Reizes hier aber nicht kontrollieren kann, sind die Erfolge hier leider oft recht bescheiden und die Fortschritte passieren viel langsamer. Doch bekanntlich höhlt steter Tropfen den Stein, und man sollte keine positive Methode unversucht lassen, einem Angstpatienten zu helfen.

Die US-amerikanische Tierwissenschafterin und Autistin Temple Grandin hat eine Squeeze-Machine (Quetschmaschine) für Angstzustände bei Menschen und Tieren entwickelt, die sie zunächst bei sich selbst einsetzte. Durch den körperlichen Druck werden stressmindernde Hormone (Opium-Verwandte) ausgeschüttet, erklärt sie in ihrem sehr lesenswerten Buch *Ich sehe die Welt wie ein frohes Tier*. Einer ihrer Kollegen berichtet, dass Küken, die von ihren Müttern getrennt werden, weniger Verzweiflungsschreie ausstoßen, wenn sie in einer Squeeze-Machine in Form eines ausgehöhlten Schaumstoffwürfels steckten. Verhaltenstrainerin Linda Tellington-Jones hat, von diesen Erkenntnissen inspiriert, »Körperwickel« entwickelt. Zum Beispiel mit elastischen Bandagen, die man mit sanftem Druck in Achterform um die Brust und den Bauch des Hundes fixiert, kann man

Angstzustände lindern, erklärt sie. Es gibt mittlerweile auch »Donnerwesten« für Hunde aus neoprenähnlichem Material, die einen angenehmen und konstanten Dauerdruck auf deren Rumpf ausüben. Wenn der Hund vor irgendetwas Angst hat, kann es durchaus helfen, ihn in solch eine Antistressweste zu stecken, um ihn zu beruhigen. Meiner Erfahrung nach wirkt es auch, den Hund zuzudecken. Kleo entspannt sich auch besser in Stresssituationen, wenn ich mit den Händen von beiden Seiten ihren Brustkorb sanft drücke. Auch eine Box als transportabler, vertrauter Ort, wo sich der Hund sicher fühlt und im Bedarfsfall verkriechen darf, hilft ihm sehr.

Die klassische Meinung bei Hundetrainern ist, dass man den Hund und seine Reaktionen einfach ignorieren sollte, wenn er Angst zeigt. Ginge man auf ihn ein, verstärke man sie. Das sei Nonsens, sie habe noch nie einen Menschen oder Hund gesehen, der sich stärker vor etwas fürchtete, wenn man ihn tröstet, erklärt Patricia McConnell, die Autorin des Buches *Das andere Ende der Leine*. Natürlich ist es nicht hilfreich, wenn man selber panisch reagiert, aber einfach so zu tun, als ob man die Silvesterknaller nicht hört, hilft höchstens bei einem sehr dummen Hund. Ein schlauer hält einen vermutlich für schwerhörig und fürchtet sich ob so eines gehandikapten Rudelführers nur noch mehr.

Die Finger lassen sollte man vor allem vor dem sogenannten »Reizüberfluten« (*flooding*). Der menschliche oder hündische Patient wird bei dieser psychotherapeutischen Methode einem außerordentlich starken Angstreiz ausgesetzt und soll erfahren, dass er die Situation unbeschadet überwinden kann. Einen Menschen mit Höhenangst würde ein entsprechender Therapeut auf einem hohen Turm aussetzen und verweilen lassen. Diese Methode ist aber selbst bei den Psychotherapeuten für Menschen umstritten. Ein menschlicher Patient wird zudem vorab genauestens über die Vorgangsweise informiert und kann dann zustimmen oder ablehnen. Ein Hund kommt allerdings ungefragt zum Handkuss, wenn die Besitzer oder Therapeuten ihn durch diese Angstsituation treiben. Ein deutscher Hundeflüsterer brüstet sich damit, einen Hund mit Angst vor glatten Böden gepackt und mit ihm gemeinsam darüber geschlittert zu sein, woraufhin der Hund diese Angst nicht mehr zeigte. Dies glückt wahrscheinlich nur in den allerwenigsten Fällen. In der Regel wird man den Hund damit nur noch mehr in Panik versetzen und ihm vielleicht auch noch eine Furcht vor Hundeflüsterern antrainieren. Wenn der Hundeflüsterer Pech hat, äußert sie sich in einer Angstaggression, die sich gegen ihn richtet. Auch Bradshaw spricht sich bei Tieren gegen solch eine Therapieform aus: »Sie wird bei Menschen bei der Behandlung irrationaler Phobien eingesetzt, wendet man Flooding (Reizüberflutung) allerdings bei Hunden oder anderen Tieren an, die nicht im gleichen Maße rational gesteuert sind wie wir, ist die Gefahr groß, dass die Angst noch verstärkt wird«, erklärt er.

Für ein angstfreies Sein ist es bei Hunden wichtig, dass sie im Alltag die Umgebung durch ihre Handlungen beeinflussen können, und ihr nicht hilflos ausgeliefert sind. Viele Hundebisse passieren, weil sich die Vierbeiner in die Enge getrieben fühlen und keinen anderen Ausweg mehr wissen, also Angriff als die beste Verteidigung anzusehen, und zuschnappen. Können sie aber mit einer Situation cool und ohne Angst umgehen, kommen sie nicht auf die Idee, ihre Zähne einzusetzen. Es gibt aber auch eine Rasse, wo Ängstlichkeit ein Zuchtproblem ist, nämlich bei den Langhaarcollies, die durch den Fernsehstar Lassie berühmt wurden. Man kennt nicht die ursächlichen Gene und Mechanismen, weiß aber, dass es vererbt ist, dass viele von Lassies Vertretern heute überängstlich sind. Mit Tests nach den Charakterachsen und insbesondere auf die Ängstlichkeit könnte man aber jene Zuchthündinnen und -rüden auswählen, die davon nicht betroffen sind, und das Problem schnell in den Griff bekommen. Denn Forscher haben gezeigt, dass man

Ängstlichkeit durch gezielte Züchtung innerhalb weniger Generationen reduzieren kann.

Jagdtrieb

Wir sitzen bei einem Rastplätzchen mitten im Wald, als eine ältere Golden-Retriever-Hündin ihre Besitzer an der Leine hinter sich herzieht, weil sie Kleo entdeckt hat und mit ihr spielen will. Ich schlage vor, dass wir die zwei kurz frei herumtollen lassen. Doch Kleo wird die andere, sehr ruhige Hündin bald zu langweilig, sie schnüffelt am Boden herum und reckt ihre Nase in den Luftzug. Ich bemerke dies und will sie gerade zu mir herrufen, damit sie diesen Düften nicht nachgeht, als sie auf einmal ein paar Meter von mir entfernt wie angenagelt dasteht, jeden Muskel im Körper angespannt, nur die Nase zuckt, weil sie stoßweise einen Geruch inhaliert. Sie läuft ein paar Schritte fort und ich pfeife. Sie bleibt stehen. »Wow, ist die brav«, höre ich die anderen Hundebesitzer hinter mir sagen. Mitnichten. Sie sieht mich noch kurz mit einem »Das musst du jetzt verstehen«-Blick an und jagt unvermittelt wahrscheinlich einem frischen Wild-Geruch nach. Kurz darauf sehen wir einen schwarzen Schatten auf dem Hang gegenüber, sicherlich mehrere Hundert Meter entfernt. »Wow«, meint jemand hinter mir. Und: »Wir gehen wohl am besten schnell weiter, damit wir nicht stören.« Welch große, verantwortungsvolle Hilfe. Meine Frau und ich warten. Ich pfeife alle paar Minuten wieder und hoffe, dass Kleo rasch zurückkommt, wenn der erste Adrenalinkick vorbei ist. Wir wissen, dass es am besten ist, wenn mindestens einer hier wartet, weil die Hunde eine sehr gute Orientierung haben und meist irgendwann zurückkommen. Darum geht ihr nur Beate nach, und ich höre sie immer wieder nach Kleo rufen. Obwohl ich auch viel lieber aktiv suchen würde, warte ich verbissen, schaue und höre, ob ich sie irgendwo sehe oder höre, und pfeife regelmäßig nach ihr. Es ist die blödeste Zeit, in der einem der Hund davonlaufen kann: Weniger als eine Stunde vor der Dämmerung, zwischen Weihnachten und Silvester, wo geböllert wird, was viele Hunde in Panik versetzt, sodass sie leicht die Orientierung verlieren oder vor ein Auto laufen. Zum Glück sind hier aber wenigstens keine Straßen in der Nähe. Nach einer halben Stunde kann ich nicht länger warten und suche sie ebenfalls. Ich schrecke zwar einen Hasen auf, finde aber keinen Hund und gehe rasch wieder zurück. Ich warte und pfeife und spähe. Überlege, Freunde anzurufen, damit sie mir helfen den Wald nach ihr zu durchkämmen. Da sehe ich Kleo kommen, aus genau der entgegengesetzten Richtung, in die sie verschwunden ist. Ihr Kopf hängt zu Boden, die Rute und Zunge ebenso. Sie ist vollkommen erledigt. Ich rufe sie freudig und lobe sie für das Kommen, damit sie ja nur nicht wieder die Richtung verwechselt. Gehe ihr langsam entgegen. Sie kommt kuscheln, die Leine klickt ins Geschirr. Nur ja nichts riskieren. Rufe zu meiner Frau Beate, dass Kleo wieder da ist. Meine Augen sind feucht. Ich kontrolliere rasch, ob sie irgendwo Blutspuren hat. An der Schnauze, an den Krallen, nirgendwo. Sie hat also nichts erwischt, zum Glück. Den Canossagang zum Jäger oder zur Polizei ersparen wir uns dadurch.

Zum Auto sind wir sehr langsam spaziert, weil Kleo absolut k. o. war. Zwei Tage später war ich mit ihr in der Tierklinik, weil sie sich noch immer nicht richtig bewegen konnte und nur recht teilnahmslos in der Wohnung herumlag. Ich hatte Angst, dass sie zum Beispiel bei einem Haus Rattengift oder im Wald einen Kadaver gefressen hatte. Die Tierärztin untersuchte sie genau, nahm ihr Blut ab und analysierte es und kam zu dem Schluss, dass sie einfach nur komplett erschöpft war und einen extremen Muskelkater haben musste. Das käme bei Jagdhunden schon immer wieder einmal vor. Kleo muss also eine halbe Stunde Vollgas gelaufen sein und hat sich dann wahrscheinlich mit letzter Kraft zurückgeschleppt.

Das ist kein Einzelfall. Die Whippet-Hündin, die eine Arbeitskollegin wunderbar brav und folgsam erzogen hat, hetzte beim unangeleinten Spazierengehen einem Hasen nach und tauchte erst am nächsten Tag wieder auf. Der kleine Parson Russel Terrier einer Trainingskollegin, der Gehorsamkeitsprüfungen der höchsten Stufe bravourös besteht, sah im Wiener Prater ein Reh und war daraufhin für mehrere Tage verschwunden. Der Beagle einer anderen Kollegin ebenso. Jagdhunde jagen. Aber auch Gebrauchshunde tun dies: Die trächtige Malinois-Hündin einer Trainerin und Prüfungsrichterin sah beim Personensuche-Training ein Reh und war für fast eine Stunde verschwunden. Der Mali-Rüde ihres Mannes, der mit ihm bei Such-Weltmeisterschaften teilnimmt, ging auf dieselbe Art für einige Zeit verlustig.

In all diesen Fällen kam meines Wissens nach kein Wild zu schaden. Doch kürzlich sorgten zwei Fälle in den Zeitungen und sozialen Medien für heftige Reaktionen. Am Bisamberg, einem kleinen Hügel und vielfrequentierten Ausflugsgebiet am Rande Wiens, erwischte ein Weimaraner ein Reh und verletzte es so schwer, dass der Jäger es töten musste. Ausflügler haben das Ganze auf ihren Handys festgehalten und im Netz verbreitet. Das gleiche passierte knapp neben einer Skipiste in Kärnten mit dem Husky-Mischling einer Touristin.

Jagen liegt Hunden im Blut. Die Belohnung, die ihnen Glückshormone für das Nachlaufen und Stöbern geben, kann man nicht mit dem tollsten Spiel, den leckersten Wurst- und Fleischstückchen und auch nicht mit dem besten Gehorsamkeitstraining übertrumpfen. Freilich gibt es Individuen wie Kleo, die fast jede Spur interessant finden. Ich habe ihren Blick, kurz bevor sie die halbe Stunde auf selbstständig machte, sehr wohl verstanden und daraus gelernt, dass ich diesen Hund im Wald keinen Augenblick lang frei herumlaufen lassen darf, wenn es nicht gerade für Rettungshundeübungen ist, wo sie auf die

Menschensuche konzentriert ist und zusätzlich das Suchgebiet vorher vorschriftsmäßig mit einem Hund abgegangen wurde, damit sich dort kein Wild mehr aufhält, sowie der verantwortliche Jagdaufseher zugestimmt hat. Es gibt aber auch solche Individuen wie ihre Schwester, die jene Gerüche offensichtlich kalt lassen, die sich stets in der Nähe der Besitzer aufhalten und die daher zumindest in sehr wildarmen Gebieten oft unangeleint nebenherlaufen dürfen. Jeder Besitzer sollte wissen, wie sein Hund tickt, und das Risiko so klein wie möglich halten, dass er wildern geht. Gehorsamkeitstraining hilft, aber nur zu einem gewissen Grad. Ganz ausschließen kann man das Jagen nur, indem man ihn immer an der Leine hält.

Auch Radfahrer, Läufer und herumtollende Kinder können bei Hunden den Jagdtrieb auslösen. Am besten, man lässt sie durch eine angemessene Sozialisierung als Welpen lernen, dass Menschen so etwas machen und keine Beute sind, dann wird man ein ganzes Hundeleben kein Problem damit haben. Erwachsenen Hunden trainiert man am besten mittels positiver Bestätigung, Radfahrer, Läufer und rennende Kinder zu ignorieren (Siehe Kapitel »Alltagstraining für Hunde«).

Alles meins – Territorialverhalten

Wir kamen aus dem Wald an das schmale Ufer eines Stausees. Dort hatten schon ein paar Leute ihre Decken ausgebreitet und sonnten sich. Plötzlich stand ein gescheckter Hund vor uns, machte sich breit und bellte uns an nach dem Motto »Bis hierher und keinen Schritt weiter«. Wir gehorchten. Die Besitzerin sprang eilig auf und rief ihn zurück. Er grummelte noch kurz und folgte dann. »Tut mir leid, er benimmt sich sehr territorial, ich brauche nur eine Decke aufzulegen, und schon verteidigt er das Gebiet rundherum gegen Eindringlinge«, sagte sie. Wir lachten, und nahmen das Territorium gleich daneben in Beschlag. Der Hund verfolgte uns noch eine Weile mit Argusaugen, entspannte sich dann aber, als er wohl überzeugt war, dass wir ihm seinen Platz nicht streitig machen. Hätten wir dies zuvor getan, anstatt stehen zu bleiben, hätten wir ihn vor die Wahl gestellt, entweder klein beizugeben oder einen weiteren Schritt auf der Eskalationsleiter hinaufzusteigen, auf deren obersten Sprossen das Schnappen und Beißen sind. Dass bellende Hunde nicht beißen, stimmt nur insofern, als dass man mit vollem Mund auch nicht gut herumschreien kann, so Sandra Janner. Ist heruntergeschluckt, kann die Tirade losgehen. Diesem Irrglauben und dem Territorialverhalten der Hunde sind wohl schon etliche Briefträger zum Opfer gefallen. In einigen Ländern ist Hundesprache und Hundeverhalten Lehrstoff in ihrer Ausbildung, um die Zahl der Bissvorfälle zu reduzieren. Kennt der Hund den Briefträger nicht als Besucher, der das Grundstück betreten darf, ist dieser für den Hund ein Eindringling, den er vertreiben will. Wenn der Briefträger kommt, bellt er. Dieser wirft die Post in der Regel von außen ein und verschwindet wieder. Aus Sicht des Hundes waren die Drohungen erfolgreich, denn er schafft es jedes Mal, dass dieser unverbesserliche Mensch nicht in sein Territorium eindringt, sondern verschwindet. Gefährlich für den Postbeamten wird es, wenn er zum Beispiel ein Päckchen austragen soll, das mit einer Abstellgenehmigung »vor der Haustüre« versehen ist. Er denkt sich dann vielleicht, der Hund bellt ohnehin immer nur, öffnet die Gartentüre und will seiner Pflicht nachkommen. Das tut aber auch der Vierbeiner, der nicht so recht versteht, warum der Briefträger dieses Mal nicht auf die Warnungen reagiert. Aus seiner Sicht bleibt ihm nichts anderes mehr übrig, als seine Drohungen zu verschärfen, also zu knurren, die Zähne zu zeigen. Für den Briefträger wäre es nun an der Zeit, das Paket als unzustellbar zu klassifizieren und sich im Rückwärtsgang aus dem Garten zu bewegen. Er sollte den Hund im Blick behalten, aber nicht direkt anstarren. Wenn er so deeskaliert und somit

aus Sicht des Hundes Einsicht zeigt, kommt er höchstwahrscheinlich gut davon. Es ist wohl kein Brief und kein Paket auf
der Welt wert, gebissen zu werden.

Andere Opfer des Territorialverhaltens der Hunde sind
Einbrecher. Für diese hält sich das Mitleid aber bei den meisten
von uns, denke ich, in Grenzen. Auch beim Wandern kommt
man öfter an mehr oder weniger entlegenen Höfen vorbei, wo
Hunde leben. Sie sind zwar meist Besucher gewohnt, trotzdem
sollte man sie nicht provozieren in der fixen Meinung: Das ist
ein markierter Wanderweg, und ich gehe da jetzt durch, wenn
etwas passiert, ist der Hund schuld. Es ist ihr Erbe aus der
Wolfszeit, ein Territorium zu verteidigen, und seitdem sich
Menschen und Hunde zu einer Partnerschaft aufgerafft haben,
eine erwünschte Eigenschaft, dass sie das Hab und Gut ihrer
zweibeinigen Freunde verteidigen. Das sollten wir besser respektieren und kurz warten, bis der Besitzer nachschauen kommt
und dem Hund erklärt, dass es vollkommen in Ordnung ist
und diese fremden Leute einfach so hier durchspazieren dürfen.
Passiert das nicht, muss uns eben ein anderer Weg zum Ziel
führen.

Kompromisslose Herdenbeschützer

»Diese Hunde machen keine Gefangenen«, sagt Irene Sommerfeld-Stur. Gemeint sind Herdenschutzhunde, das sind große,
kräftige Vierbeiner wie Pyrenäen-Berghunde, Tatra-Schäfer-
hunde und Kangals. Sie werden aktuell Weidetierhaltern emp-
fohlen, damit sie ihre Schafe vor Wölfen schützen, die nach
Mitteleuropa zurückkehren und teils nicht nur Rehe und Hasen,
sondern auch Haustiere reißen. »Ich weiß aber nicht, was da
jetzt das größere Problem wäre: Der Wolf oder der Herdenschutzhund«, sagt die Expertin. Wenn die Hunde aus entspre-
chenden Leistungszuchten kommen, was notwendig ist, damit
sie ihre Herde gegen einen oder mehrere Wölfe verteidigen,

seien sie bedingungslos bereit, dies zu tun. »Dabei ist es ihnen egal, ob da jetzt ein Bär, ein Wolf oder ein Mensch kommt«, erklärt die Hundezuchtexpertin. Wenn man dann als Wanderer eine von einem Herdenschutzhund bewachte Weide durchqueren will, könne dies gefährlich werden. Noch heikler ist das, wenn man zum Beispiel einen Hund mithat.

Solche Hunde werden auch oft von Tierschutzorganisationen aus Heimen in Südeuropa vermittelt, was die Expertin ebenfalls sehr kritisch sehe. Denn ihr Naturell ist nicht gerade jenes eines optimalen Familienhunds. Sie sind dazu gezüchtet, eigenständig zu arbeiten, haben also nicht unbedingt die angeborene Lust, genau das zu tun, was die Menschen gerade von ihnen wollen. Sie sind sehr groß und kräftig gebaut und haben ebensolche großen und kräftigen Kiefer. Sie wurden dazu gezüchtet, Wolf und Bär nicht nur zu beeindrucken, sondern im Notfall auch zu verletzen und töten. Wenn dazu noch eine ungewisse Vorgeschichte kommt, kann so ein Hund ganz schön problematisch werden und landet dann bei uns im Tierheim, was auch nicht gerade erstrebenswert ist.

Border hüten Kinder

Jagdhunde jagen, Wachhunde bewachen ihr Territorium und Herdenschutzhunde ihre Anvertrauten. Dazu wurden sie jahrzehnte- bis jahrhundertelang gebraucht, und das vergessen sie nicht von einem auf den anderen Tag, wenn sie als Welpen an Familien statt an Jäger, Polizisten, Bauern und Hirten vergeben werden. Dasselbe gilt für Hütehunde. Im Gegensatz zu den Herdenschutzhunden, die Schafe und Ziegen vor Wölfen, Bären, Vielfraßen, Wildhunden und menschlichen Dieben schützen sollten, haben die Hirten Hütehunde wie Border Collies, Australian Shepherds und Cattle Dogs dazu gezüchtet, die Herden zusammenzuhalten und in den Stall oder Pferch zu treiben. Es ist wunderbar mit anzusehen, wie sie selbstständig oder auf einen

Pfiff des weit entfernten Hirten mal nach rechts, mal nach links um die Herde laufen, sie beisammenhalten und dabei immer vor allem auf das Leittier achten. Sie erkennen es innerhalb von wenigen Augenblicken und konzentrieren ihre Aufmerksamkeit auf dieses Tier. Dabei sind sie nicht zimperlich. In sportlichen Hüte-Bewerben ist es zwar ein Disqualifikationsgrund, wenn sie ein Schaf zwicken, die Farmer und Hirten haben aber nichts dagegen, wenn sich die kleinen Hunde zum Beispiel gegen große Rindviecher Respekt verschaffen, indem sie ab und an ihre Zähne einsetzen und sie ins Bein kneifen. Leider sind diese Hunde nun aber aus verschiedenen Gründen als Familienhunde modern. Sie sind hübsch, sehen einigermaßen wolfsähnlich und auf jeden Fall wie ein »typischer Hund« aus, und sie tragen verschiedene fesche Fellfarben und Muster. Sie sind sehr schlau, und jeder weiß, dass man ihnen viel beibringen kann. Dass schlaue Hunde aber anstrengender und schwerer zu erziehen sind als dumme, bemerken viele Erstbesitzer leider erst zu spät. Außerdem kann man mit Modehunden leichter zu Geld kommen als mit weniger verbreiteten Rassen, was unseriöse Züchter und Vermehrer anzieht. Es ist eigentlich nie für eine Rasse gut, zum Modehund zu werden. Populationsgenetiker wie Sommerfeld-Stur seufzen, wenn es wieder eine neue Rasse erwischt hat, denn diese Hunde sind zu bedauern. Sie haben viel öfter Gesundheitsprobleme, landen häufiger bei halbherzigen Besitzern, die sich im Vorfeld zu wenig über ihre Vorzüge und möglichen Problemfelder informieren, und als Folge öfter im Tierschutzhaus als kaum bekannte Rassen. So tolle Hunde Border Collies, Langhaarcollies, Aussies und Cattle Dogs also sind, kommen sie viel zu oft zu den falschen Besitzern, die nicht wissen, auf was sie sich einlassen, und das Arbeits- und Bewegungsbedürfnis dieser Rassen nicht erfüllen können. Deren Verwunderung ist dann oft groß, wenn der süße kleine Border die Kinder mit den Augen fixiert wie die Schafe, anbellt und sogar zwickt, wenn sie sich von der Familie entfernen wollen.

Fehler im System – Krankheiten

Genauso wie bei Menschen kann Aggression auch ein Krankheitssymptom sein. Man sollte daher mit ihm zum Tierarzt gehen, wenn ein Vierbeiner sich auf einmal komisch benimmt und grundlos zuschnappt, die Haare aufstellt oder knurrt, und ihn von der Schnauze bis zur Schwanzspitze durchchecken lassen. Bei manchen Rassen können genetisch bedingte neurologische Erkrankungen zu Verhaltensproblemen führen, erklärt Irene Sommerfeld Stur. Das führt zum Beispiel beim Golden Retriever, der allgemein als besonders friedlich bekannt ist, dazu, dass Hunde dieser Rasse immer wieder wegen untherapierbarer Aggressionsanfälle euthanasiert werden. Beim Cockerspaniel gibt es die sogenannte »Cockerwut«. Die ersten Fälle traten in den 1970er-Jahren auf, als die armen Tiere zur Moderasse und wegen der steigenden Nachfrage teils unseriös vermehrt wurden. Cockerwut-Anfälle treten spontan auf, meistens wenn der Hund Stress hat. Vor den Augen der Besitzer mutiert der freundliche Hauswauz zum Horrorfilm-Monster. Seine Pupillen verengen sich, der Blick wird abwesend, der Hund knurrt, zittert am ganzen Körper und attackiert Menschen. Meist sind Familienmitglieder die Opfer. Solche Attacken halten nur wenige Minuten an, aber die Hunde erleiden währenddessen einen völligen Kontrollverlust über ihr Verhalten. Kehrt ihr normales Wesen zurück, sind die Hunde erschöpft und orientierungslos, berichten Besitzer. Wahrscheinlich passiert mit ihnen während des Anfalls etwas Ähnliches wie bei einem epileptischen Anfall.

Auch sämtliche Erkrankungen, die mit Schmerzen verbunden sind, können Hunde aggressiv machen, genauso wie das bei Menschen der Fall ist. Die Vierbeiner können aber niemandem mitteilen, wo es ihnen wehtut. Greift man unbeabsichtigt dorthin, wehren sie sich vielleicht, damit man ihnen nicht noch mehr Schmerzen zufügt. Ein Kollege aus der Hundewasserrettung musste seinen Setter einschläfern lassen, weil diesen ein Hirntumor aggressiv und bissig machte. Auch Leberkrankheiten können aggressiv machen. Die Leber ist das wichtigste Entgiftungsorgan, und wenn sie nicht mehr gut funktioniert, reichern sich schädliche Substanzen im Körper an. Weil Nervenzellen besonders sensibel sind, gehören sie zu den ersten, die zerstört oder geschädigt werden. Das kann zu Krampfanfällen, aber auch zu anderen Verhaltensänderungen wie Aggression führen.

ALLTAGSTRAINING FÜR HUNDE

KLASSISCHE UND OPERANTE KONDITIONIERUNG FÜR DUMMIS

Iwan Petrowitsch Pawlow bekam 1904 den Nobelpreis für seine Erkenntnisse »über die Physiologie der Verdauungsdrüsen«. Der russische Mediziner ist aber vor allem für seine Experimente mit bei Glockenklängen speichelnden Hunden bekannt. Er beobachtete, dass Hunde, die in Zwingern lebten, sabberten, wenn sie ihre Besitzer kommen hörten. Pawlow vermutete, dass die Hunde die Schrittgeräusche mit Fressen verbanden, weil es regelmäßig Futter gab, wenn die Besitzer im Anmarsch waren. Im Kopf der Hunde war der akustische Reiz (Trap, Trap), mit der Vorstellung einer gefüllten Futterschüssel verbunden. Ihr Körper reagierte vorsichtshalber schon einmal darauf. Der brillante Forscher bewies seine Hypothese mit einem Experiment: Er ließ immer eine Glocke läuten, wenn er Hunden Futter gab. Der zuvor für die Hunde nichtssagende Glockenton wurde dadurch mit der Vorstellung einer Futterschüssel verknüpft, und sie speichelten, wenn sie ihn hörten, egal ob Pawlow eine Futterschüssel vor sie hinstellte oder nicht. Pawlow nannte dieses Phänomen »Konditionierung«. Der Zusatz »klassisch« kam später dazu, um es von anderen Konditionierungsarten zu unterscheiden. Die klassische Konditionierung funktioniert unterbewusst, also ohne dass der Hund darüber nachdenkt – aber nur, wenn dem Reiz (Klingeln) innerhalb von einer halben bis drei viertel Sekunde eine Konsequenz (Futter riechen) folgt. Durch sogenanntes Reiz-Reaktions-Lernen wird der vorerst neutrale Reiz dabei mit dem Ereignis verknüpft. Letzteres kann eine Belohnung wie Futter sein, aber auch ein negativer Reiz. Berührt ein Hund zum Beispiel mit der Schnauze einen Stacheldraht, verknüpft sein Gehirn rasch das komische Stück Draht mit Schmerzen und er wird ihn fortan meiden.

Ebenso wichtig für das Hundetraining wie die klassische Konditionierung ist die »operante«. Bei ihr wird eine Handlung des Hundes mit einer Belohnung (oder Bestrafung) verknüpft. Das funktioniert zum Beispiel so: Der Hund sitzt auf Kommando, der Hund bekommt ein Leckerchen. Oder: Der Hund geht bei Fuß, der Hund bekommt Leckerchen. Oder: Der Hund legt sich auf Kommando hin, man zückt sein Spielzeug und wirf es ihm hin. Erwünschtes Verhalten zu fördern ist also relativ leicht, man muss aber auch hier schnell positiv bestätigen, und zwar innerhalb von zwei Sekunden.

DIE GRUNDLAGE FÜR DAS ZUSAMMENLEBEN MIT HUNDEN (UND ANDEREN TIEREN EINSCHLIESSLICH DEM MENSCHEN) – POSITIVE BESTÄTIGUNG UND WIE MAN SIE RICHTIG ANWENDET

Mit positiver Bestätigung und der operanten Konditionierung kann man einem Hund fast alles beibringen, was er im täglichen Leben braucht, und noch viel mehr. Fuß zu gehen, Menschen nicht anzuspringen, an anderen Hunden vorbeizugehen und auf einer Bühne vor Hunderten Menschen zu tanzen. Am Anfang zeigt man ihm dabei am besten, was man von ihm will: Beim Kommando »Sitz« hält man zum Beispiel ein Stück Käse oder Wurst in der Hand vor seine Nase und bewegt es langsam nach oben. Bei fast allen Hunden plumpst dann das Hinterteil auf dem Boden, damit die Schnauze dem Leckerchen folgen kann. Wenn man dabei den Zeigefinger dieser Hand hebt, hat man bereits ein passendes Sichtsignal eingeführt. Bald setzen sich die Hunde bereits, wenn man ihnen den erhobenen Zeigefinger vor die Nase hält. Dann hat man zwei Sekunden Zeit, um sie zu belohnen. Bringt eine Handlung nämlich nicht den erwünschten Erfolg (folgt für den Hund keine Belohnung auf das Hinsetzen auf Fingerzeig), schwächt sie ab und verschwindet schließlich wieder. Man nennt dies »Extinktion« oder »Löschung«. Kann der Hund dies verlässlich, sagt man kurz vor dem Fingerheben »Sitz« und führt so ein Lautzeichen ein, das bald ohne Fingerzeig funktioniert. Beim Fuß-Gehen kann man den Hund zunächst an einem Wurststückchen neben sich herführen. Ebenso lotst man ihn am Futter an anderen Hunden vorbei. Hat er das ein paar Mal gemacht, sieht er einen wahrscheinlich beim nächsten Mal an, wenn ein Hund am Gehsteig entgegenkommt. Dafür wird er natürlich belohnt. Wenn man Leuten die Hand geben will, während der Hund gesittet neben einem sitzt, kann man ihm auch zunächst ein Leckerli vor die Nase halten und schwenkt nach ein paar erfolgreichen Versuchen auf Ruhig-Danebensitzen-Belohnen über. Bei Tanzfiguren sollte man sich im Vorhinein gut überlegen, wie man ihn dazu bringt, diese und jene Bewegung zu zeigen. Relativ leicht ist zum Beispiel ihn unter den Beinen durchzuführen, indem man ihn mit Futter durchlockt.

Mit einem Trick kann man die Zwei-Sekundenregel übrigens aufweichen, und zwar, indem man ein Belohnungszeichen einführt. Das kann ein Wort wie »Super« und »Toll« sein, oder man benutzt einen sogenannten Klicker. Er funktioniert wie ein Spielzeug-Knackfrosch mit einem Metallblättchen, das beim Drücken klickt, und wird sehr gerne von professionellen Trainern verwendet. Zunächst sagt man sein Zauberwort oder klickt und gibt dem Hund innerhalb einer halben Sekunde (hier handelt es sich nämlich um klassische Konditionierung) ein Leckerchen. Dadurch verknüpft der Hund das Wort oder Klicken mit der Belohnung. Man kann ihm nun, wenn er sich auf Kommando hinsetzt, brav Fuß geht oder einen Trick macht, mit dem Wort oder Klicken belohnen. Das muss zwar auch innerhalb von zwei Sekunden passieren, bis die tatsächliche Belohnung wie Futter oder Spiel folgt, darf aber noch einmal so viel Zeit vergehen. Auf diese Art kann man zum Beispiel Handlungen des Hundes aus der Entfernung honorieren, ohne dass man auf mehrere Meter mit dem Leckerli genau in sein Maul trifft.

Mit dem Belohnen darf man übrigens dann aufhören, wenn man selbst bereit ist, zu seinem Chef oder Kunden zu gehen und ihm zu sagen, dass man von nun an gratis arbeitet, weil einem das mittlerweile so leichtfällt und selbstverständlich geworden ist, dass eine Entlohnung geradezu lächerlich wäre.

ZAUNBELLEN – OPERANTE KONDITIONIERUNG IN EIGENREGIE

In vielen Siedlungen kann man am Gebell erkennen, an welchem Haus gerade jemand vorbeigeht. Ob Chihuahuas, Akita Inus, Schäfer, Bernhardiner oder Golden Retriever, nicht wenige von ihnen begleiten die Spaziergänger kläffend vom Anfang bis zum Ende ihres Grundstücks. Das Zaunbell-Fieber ist ein Prachtbeispiel von ungewollter Selbstbestätigung, die so effektiv ist, dass kaum ein Hund dagegen immun ist, wenn er allein im Garten gelassen wird.

Stellen wir uns einen kleinen, jungen Hund vor, der in seinem Garten sitzt und noch nicht viel von der Welt kennt, erklärt Marleen Hentrup. Wenn jemand vorbeikommt, findet er das ein bisschen gruselig und lässt ein zaghaftes, schüchternes

»Wuff« vernehmen. Niemand hört es zunächst, niemand reagiert darauf, und der Spaziergänger geht einfach weiter und verschwindet aus seinem Blickfeld. Der Welpe kann nicht wissen, dass dies auch ohne sein Zutun passiert wäre, und verbucht das aus seiner Sicht fantastische Ereignis – »Ich kleiner Held habe den großen Menschen ganz allein vertrieben« – als größten Erfolg in seinem jungen Leben. Es funktioniert jedes Mal: Fußgänger, Läufer, der Postbote, Radfahrer, Autos, Menschen mit anderen Hunden – sie alle kommen zwar immer wieder, aber verschwinden stets, wenn er nur lange genug bellt. Der normale Lauf der Dinge bestätigt seine Handlung jedes Mal: Glückshormone strömen in das Belohnungszentrum seines heranwachsenden Hirns, und es ist lerntheoretisch die logischste Sache der Welt, dass er immer mehr und lauter bellt. Manchmal werden die Hunde von ihren Besitzern dabei auch noch unterstützt, wenn sie die ungewollte Handlung abstellen wollen. Sie öffnen das Fenster und schelten den Kläffer. Der wiederum fasst die bösen Rufe in seinem Rücken als Unterstützung auf: »Mein Herrchen tut das gleiche und findet gut, was ich mache, gemeinsam geben wir dem Eindringling Saures!«

Zusätzlich kämpft man gegen die Gene und das Erbe des Hundes an, wenn man ihm das territoriale Bellen abgewöhnen will. Vom Beginn der Partnerschaft zwischen Zwei- und Vierbeinern an war es eine wichtige Aufgabe der Hunde und mit ein Grund, dass die Menschen die halbwilden Tiere in ihren Lagern tolerierten, dass sie meldeten, wenn sich jemand Fremder oder ein gefährliches Wesen näherte. Sie können vor allem in der Nacht Bewegungen besser wahrnehmen, weil Hundeaugen mehr hell-dunkel empfindliche Stäbchen haben und zusätzlich eine Art Reflektor namens Tapetum Lucidum, der das Licht von hinten ein zweites Mal an diese Sensoren schickt. Außerdem ist das Gesichtsfeld eines Hundes mit durchschnittlich 250 Grad viel größer als jenes der Menschen (180 Grad). Sie überblicken also einen viel größeren Bereich. Auch ihr Gehör ist besser. Sie nehmen Tonhöhen wahr, die Menschen überhaupt nicht hören, und können Geräuschquellen wie schleichende Schritte präziser lokalisieren, indem sie ihre Ohrmuscheln mit 17 Muskeln bewegen und ausrichten. Das funktioniert meist sogar mit Schlappohren. Wissenschafter haben herausgefunden, dass bereits junge Hunde innerhalb von sechs hundertstel Sekunden erkennen, woher ein Geräusch kommt. Sie blenden auch effizient für sie unwichtige Geräusche aus und reagieren selektiv auf Laute, denen sie Bedeutung zumessen, wie ungewohnt klingende Schritte oder das Öffnen der Kühlschranktür.

Diese »scharfen« Sinne haben sich die Menschen schon in der Steinzeit zunutze gemacht und vertrauen auch heute noch darauf. Egal ob auf einem entlegenen Bauernhof oder im Stadtapartment fühlen sich Leute in Gegenwart eines Hundes laut Umfragen sicherer, wenn er Besucher meldet, und schätzen diese Reaktion. Trotzdem wird es für die Bewohner und Nachbarn lästig, wenn der Hund bei jedem Passanten anschlägt. Man kann aber verschiedene Dinge dagegen tun. Manche Trainer empfehlen, den Hund während des Bellens mit einem unangenehmen Reiz so zu bestrafen, dass er nicht merkt, woher er kommt. Zum Beispiel könnte man einen Kübel Wasser vom Balkon aus auf den bellenden Hund schütten. Wenn man das ein paar Mal macht und er den Schreck und das unangenehme Erlebnis damit verknüpft, dass er gerade jemanden angebellt hat, wird er es vielleicht in Zukunft lassen. Die Sache hat aber ein paar Haken. Der erste ist, dass Hunde sehr schlau sind. Wenn sie sehen oder hören, wer ihnen die ungewünschte Taufe verpasst hat, wissen sie auch, dass sie nur dann auf ihr Bellen folgt, wenn jemand am Balkon steht. Sie werden dann wahrscheinlich immer kurz nach oben schauen und immer dann bellen, wenn die Luft rein ist. Zweitens: Solche Methoden strapazieren das Nervenkostüm enorm, denn ein Schrecken aus dem heiteren Himmel ist für Hunde genauso beängstigend wie für Menschen, und man tut alles, um solchem Unheil in Zukunft zu entgehen. Wenn man solche Methoden regelmäßig anwendet, hat man mit ziemlicher Sicherheit bald einen Hund, der Angst hat, dass ihm der Himmel auf den Kopf fällt. Drittens kann es passieren, dass der Hund den Schock nicht mit seinem Bellen, sondern mit irgendeinem anderen Ereignis, einer Person oder einem Gegenstand verbindet. Vielleicht ist gerade ein Lastwagen vorbeigefahren, und man hat ihm dadurch eine Angst vor großen Vehikeln ankonditioniert. Viertens ist es bei solchen Maßnahmen schwer, die richtige Dosis zu treffen. Was den einen Hund zum zitternden Häuflein Elend macht, kann für den anderen immer noch zu wenig sein, um ihn vom Bellen abzuhalten.

Viel besser und sicherer ist es, mit positiver Bestätigung zu arbeiten. Man wartet auf einen kurzen Moment, in dem der Hund nicht bellt, und belohnt ihn dafür. Man kann ihm ein Leckerli zuwerfen oder seinen Lieblingsball schleudern, damit er diesem hinterherhetzen kann. Anschließend beschäftigt man sich mit ihm, bis der Passant außer Sicht ist. Der Hund lernt dabei, dass Stille gefragt und es vollkommen okay ist, wenn jemand vorbeigeht. Diese Arbeit erfordert mehr Geduld und Ausdauer, hat aber keine Risiken und Nebenwirkungen. Das einzige Problem ist, dass jederzeit ein Rückfall passieren kann. Einmal wieder gebellt, und der Hund klinkt sich wieder in die selbstlaufende Spirale ein, dass ihm das Bellen und Vertreiben der Passanten einen Erfolg einbringt, der die Handlungsweise verstärkt.

Damit man sich das ganze leidige Zaunbellen als Hundebesitzer erspart, ist es am einfachsten, wenn man verhindert, dass der Hund zu einem Zaun kommt, wo Leute und andere Vierbeiner vorbeigehen sowie Autos und Radler fahren. Außerdem kann es dann nicht passieren, dass Hunde durch den Zaun durchschnappen und einander verletzen, jemand den Hund ungewollt füttert oder über den Zaun greift, um ihn zu streicheln, und dann vielleicht sogar gebissen wird. Ich habe dafür einen zweiten Zaun neben dem Haus bis zu den Nachbargrundstücken gemacht, damit Kleo sich nur im hinteren Bereich des Gartens aufhalten kann, wenn sie allein draußen ist. Sie sieht zwar, wenn jemand vorne vorübergeht, aber dies lässt sie aus der Distanz ungerührt. Wenn ein Hund auch von hinten bellt, kann man zusätzlich einen Sichtschutz aufstellen.

GUTER BULLE, BÖSER BULLE – VIER NEGATIVE UND VIER POSITIVE METHODEN, UM HUNDEN UNERWÜNSCHTES VERHALTEN AUSZUTREIBEN

Der finster dreinblickende Cop, der gerade einen Kebabburger mit »extra Zwiebeln« verspeist hat, haucht den Verdächtigen an, der auf seinem wackeligen Stuhl in der tiefgekühlten Verhörkammer vor sich hin schlottert. »Ich mach dich fertig, ich steck dich in das tiefste, dunkelste, schimmelverruchteste Verlies«, sagt er und tritt gegen ein Stuhlbein, das wegbricht, und der mutmaßliche Kaugummiautomatenknacker landet unsanft auf dem Betonboden. Dies ist der Zeitpunkt für den Auftritt des guten Cops, er hilft ihm auf die Beine, dreht die Heizung hoch, drückt ihm einen Becher wohlriechenden Kaffee in die zitternde Hand und flüstert ihm kameradschaftlich zu: »Lange kann ich dir nicht mehr helfen, er dreht komplett durch, sag mir rasch, wie du es gemacht hast, und ich steck dich in eine warme, saubere Zelle mit frischem Bettzeug, Vollpension und dicken Gitterstäben, die dich vor ihm schützen, bis der Richter dich freispricht.«

Genauso wie in billigen Romanen und Filmen gibt es auch im wirklichen Leben positive und negative Wege, um Menschen sowie Tiere zu beeinflussen und ihnen ein erwünschtes, sozial verträgliches Verhalten abzuverlangen, mit dem sie andere nicht belästigen, ihnen keinen Schaden zufügen und keine Dinge zerstören. Die amerikanische Verhaltenstrainerin Karen Pryor hat acht Methoden beschrieben, wie man Verhalten ändern kann. Egal ob man versucht, zankende Kinder im Auto zu besänftigen, bellende Hunde ruhigzustellen oder unfreundliche Partner in verträgliche Zeitgenossen zu verwandeln, es wird immer eine Variation oder Kombination dieser acht Möglichkeiten sein, erklärt sie.

Methode 1: Den Hund erschießen
»Das funktioniert immer, sie werden ganz gewiss niemals mehr von diesem Tier mit diesem Verhaltensproblem belästigt«, schreibt Pryor in ihrem Buch *Positiv bestärken – sanft erziehen*, das in der englischen Originalfassung den Titel *Erschießen Sie den Hund nicht* (*Don't shoot the dog*) trägt. So obskur diese Methode klingt, sie wirkt erstens immer und wird zweitens auch bei Menschen in zivilisierten Ländern wie Pryors Heimatland USA für Menschen angewendet. Mörder und Vergewaltiger werden mit Gift totgespritzt, damit sie niemanden mehr ermorden und belästigen können, früher wurden sie erschossen oder gehenkt. Methode Nummer 1 beruht darauf, physische Tatsachen zu schaffen, dass eine Tat nicht mehr begangen werden kann. Dieben hat man auch bei uns ehedem die Hand abgehackt und Lügnern die Zunge herausgeschnitten. Joey, der Rottweiler Rüde, der nach dem kleinen Waris geschnappt hat und ihn tödlich verletzte, wurde euthanasiert. Es gibt freilich auch gemäßigtere Wege, als Menschen und Tiere mit Verhaltensauffälligkeiten ins Jenseits zu verbannen oder zu verstümmeln. Damit ein Hund niemanden beißt, muss man ihm nicht die

Zähne ausreißen, sondern kann man ihm einen Maulkorb anlegen. Damit ein Mensch niemand tötet, kann man ihn einsperren. Wenn ein Dieb im Gefängnis sitzt, kann er nicht in Häuser einsteigen und Fernseher stehlen. Damit einen der Ehepartner nicht mehr betrügt, kann man sich scheiden lassen. Methode 1 kann endgültig sein oder temporär angewendet werden: Wenn man zum Beispiel ein Kindergitter beim Treppenabgang montiert, können Babys nicht die Stiegen hinunterfallen, während man kocht. Wenn man den Hund im Haus lässt, kann er den Briefträger nicht im Vorgarten beißen. Wir wenden diese Methode in linder Form also alltäglich an. Wir sperren unsere Häuser und Wohnungen zu und Einbrecher ein, hängen die Hunde an die Leine, stellen die Batterien und giftigen Putzmittel so hoch ins Regal, dass Kinder und Haustiere sie nicht nehmen und schlucken können, und der Zigarettenautomat verlangt einen Ausweis, damit Minderjährige nicht so leicht an die krebserregenden Suchtmittel kommen. Mit dieser Methode kann man sich Ärger teils zwischenzeitlich, teils für immer vom Hals halten. Der Nachteil ist aber: Der Trainee lernt dabei nichts. Ein Baby kommt so nicht drauf, dass Treppen gefährlich sind und wie man sie runterspaziert, und ein Hund nicht, dass der Briefträger lieb ist und man ihn nicht ins Hinterteil zwicken darf. Einbrecher werden nicht sozialisiert und Kinder müssen wir gesondert über die Gefahren von Chemikalien, Werkzeugen und Drogen aufklären. Sie ist oft kurzfristig die erste Wahl, packt aber das Problem nicht an seiner Wurzel an.

Methode 2: Strafen
Diese Methode ist bei Menschen extrem beliebt. Wenn uns etwas nicht passt, strafen wir reflexartig den Schuldigen und mitunter seine ganze Sippe. Wir rechtfertigen dies mit dem Vorwand, das schlechte Verhalten der anderen ändern zu wollen, doch vorwiegend ist eine Strafe nichts als Selbstbefriedigung: Die

Leute wollen ihren Frust loswerden, indem sie Rache üben. Menschen schelten ihre Kinder, Hunde, Ehemänner und -frauen, wenn sie gegen irgendwelche Regeln verstoßen, verhängen Bußgelder fürs Schnellfahren mit dem Auto, Gefängnisstrafen für Diebe, Räuber und mancherorts auch Ehebrecher, führen Vergeltungsschläge als Reaktion auf Selbstmordattentate und Rachekriege gegen Staaten. Danach fühlen sie sich kurze Zeit besser. Wenn das unerwünschte Verhalten wieder auftritt, kommen Menschen selten auf die Idee, dass diese Methode vielleicht unzulänglich ist, und probieren nicht gar etwas anderes. Im Gegenteil, sie setzen noch mehr auf das falsche Pferd und greifen zu immer handfesteren Strafen. Auf diplomatische Noten folgen offene Drohungen, das Ende von Verhandlungen, Embargos, militärische Sticheleien und schließlich unverhohlener Angriff (der in der Regel auch noch als Verteidigungshandlung deklariert wird). Kinder mit schlechtem Zeugnis werden gescholten, dann zieht man das Handy ein, sie bekommen Stubenarrest und Fernsehverbot, während die Noten immer schlechter und schlechter werden. Auch ein Dieb oder Einbrecher kommt selten geläutert aus dem Gefängnis, bei den meisten zementiert ein Aufenthalt hinter schwedischen Gardinen die weitere Laufbahn jenseits der Gesetze ein, und die Straftaten und Zeiten hinter Gitter werden immer schlimmer und länger. »Das Schreckliche an einer immer stärkeren Bestrafung ist die Tatsache, dass es absolut kein Ende gibt«, so Pryor. Seit Anbeginn der Geschichte sucht der Mensch nach einer Strafe, die so schlimm ist, dass sie »dieses Mal wirklich funktioniert«, meint sie. Zum Beispiel Affen, Elefanten und Hunde würden sich mit solchen Dingen überhaupt nicht abgeben. Die Evolution hat den Menschen also irgendwann einen Unsinn eingebrockt, vor dem sie alle anderen Organismen verschont hat.

Das lerntechnische Problem mit Strafen ist, dass sie zeitlich in keinem Zusammenhang mit dem unerwünschten Verhalten stehen. Prügelt jemand einen Hund, der das Sofa zerfleddert hat, während er allein war, hat das Tier keine Ahnung, weshalb er geschlagen wird. Er verknüpft höchstwahrscheinlich das Heimkommen des Besitzers mit Schmerzen und fürchtet sich fortan davor. Bestraft man einen Hund, dass er ein Kaninchen gejagt hat, kann man dies nicht tun, während er ihm hinterherhetzt, sondern erst, wenn er wieder zurückgekommen ist. Man bestraft ihn also nicht für die unerwünschte Handlung (das Jagen) sondern die erwünschte (das Herkommen). Das ist wunderbar kontraproduktiv. Auch bei Kindern liegt zum Beispiel das Lernfaul-Sein mitunter Monate zurück, wenn sie mit einem schlechten Zeugnis nach Hause kommen. Sie verstehen zwar intellektuell, warum Mama und Papa am Zeugnistag böse auf sie sind, werden aber trotzdem das Heimkommen als unangenehm empfinden und nicht das frühere Fußballspielen-statt-Lernen. Beim gescholtenen Ehepartner, der trotz freiem Tag das Geschirr hat rumstehen lassen und den man deswegen schilt, wenn man müde von der Arbeit heimkommt, ist auch meist ein halber Tag zwischen dem Versäumnis und der Strafe vergangen. Ein Strafzettel folgt in der Regel ein paar Wochen nach dem Falschparken oder Schnellfahren, und zwischen einer ernsten Straftat und einem Gerichtsverfahren samt Geld- oder Gefängnisstrafe vergehen mitunter Jahre. Für die Schuldigen ist das Vergehen, Verbrechen oder Versäumnis zu diesem Zeitpunkt oft gar nicht mehr relevant, während die Opfer sich bis dahin immer mehr in Rachegelüste hineinsteigern. Die Täter werden also aus ihrer Sicht oft aus heiterem Himmel belangt und können sich deshalb als Opfer sehen. Ungeschehen gemacht oder ausgebessert werden kann das ungewünschte Verhalten dann sowieso nicht mehr. Auch wenn man versteht, wofür die Strafe ist, kann man sie nicht mindern, weil das schlechte Verhalten ja in der Vergangenheit liegt. Außerdem lernt der Trainee genauso wie bei Methode 1 nicht, wie er sein

Verhalten ändern sollte. Eine Bestrafung lehrt ein Kind nicht zu lernen, und sie führt auch nicht dazu, dass es leichter, lieber, intensiver oder effektiver lernt. Den einzigen Lernerfolg verzeichnen die Trainees in der Regel darin, sich nicht erwischen zu lassen. Der faule Ehemann ist mit Freunden Badminton spielen, um sich die Vorwürfe zu ersparen, wenn die Frau heimkommt. Kinder gehen mit dem Zeugnis im Rucksack ins Kino und kommen erst am Abend heim, wenn der Ärger der Eltern über das schlechte Zeugnis der Sorge um den Nachwuchs hintansteht. Einbrecher planen ihre Flucht besser, und Hunde lassen sich überhaupt nicht mehr zurückrufen und verstecken sich unter dem Bett, wenn die Besitzer nach Hause kommen.

Bei Hunden und kleinen Kindern vergessen die Erwachsenen auch nur zu gerne, dass sie kaum bis gar nicht an die Vergangenheit und Zukunft denken, sondern im Hier und Jetzt leben. Die Ursächlichkeit der Strafe ist ihnen oft komplett schleierhaft, und sie können sich keine Möglichkeit vorstellen, der Strafe zu entkommen. In der Regel gibt es auch keine. Die Tat wurde begangen, der Mensch straft. Das steht leider so in seiner Artenbeschreibung. Außerdem fehlt dem Hund oder kleinen Kind jegliche Warnung und jeder Anhaltspunkt, dass es irgendwann eine Strafe setzt. Nehmen wir an, der Hund hat einen Polster zerfleddert, während der Besitzer fort war, der ihn beim Nachhausekommen anschnauzt, beziehungsweise die Mutter hat entdeckt, dass das Kind in der Nacht ins Bett gemacht hat, und schimpft es dafür am Nachhauseweg vom Kindergarten. Für beide kommt der Theaterdonner aus heiterem Himmel, denn weder der Hund noch das Kind konnten auch nur erahnen, dass eine Strafe bevorsteht. Die Ursächlichkeit der Bestrafung ist für sie überhaupt nicht ersichtlich, erklärt der britische Anthropozoologe John Bradshaw. Der Hund kann nicht erahnen, wann der Besitzer beim Heimkehren wütend ist und wann nicht. Das Kind hat keine Ahnung, ob die Mutter beim Heimweg mit ihm schmust oder es schilt. »Dies ist wie bei einer Ratte in einem Käfig, die willkürlich Stromstößen ausgesetzt wird«, so Bradshaw. Forscher haben herausgefunden, dass Ratten leichte Stromstöße ertragen können, wenn sie vorher eine zuverlässige Warnung erhalten haben. Kommen sie aber ohne Vorwarnung, löst das zunehmend Angst, Stress und Panik aus. Das Gleiche gilt bei Bestrafungen für kleine Kinder und Hunde.

Bei Teenagern und Erwachsenen kann die Bestrafung immerhin in einigen Fällen erfolgreich sein. Voraussetzung ist, dass der »Täter« jederzeit damit rechnen muss, erwischt zu werden. Wird man einmal im Jahr geblitzt, wenn man zu schnell fährt, hält das kaum einen Raser auf. Droht jedoch beim kleinsten Vergehen ein Knöllchen und ein Eintrag in eine Verkehrssünderliste, wird er öfter den Bleifuß zurückhalten. Die Angst vor zukünftiger Bestrafung muss also groß sein, der Nutzen des unerwünschten Verhaltens gering (was zum Beispiel beim Adrenalinsturm im Kopf eines Wild-hetzenden Hundes absolut nicht der Fall ist), und er muss schließlich auch in der Lage sein, das Verhalten zu kontrollieren, was etwa beim Bettnässen wegfällt. Es muss außerdem zu einem frühen Zeitpunkt bestraft werden, wenn das Vergehen noch nicht zur Gewohnheit wurde, und die Strafe muss eine neuartige Erfahrung für den Trainee sein, quasi ein Schock, den er sich in Zukunft ersparen will. Ist er einmal gegen Geldeinbußen, Gefängnisaufenthalte und einen schlechten Ruf abgestumpft, ist eine Strafe in der Regel reine Selbstbefriedigung und Rache.

Wenn die Bestrafung ein Verhalten aber tatsächlich einmal zumindest zeitweise beendet, hat dies viel größere Auswirkungen auf den Trainer als auf den Trainee. Er sieht sich bestärkt und wird immer mehr auf diese Methode setzen, selbst wenn ein Rückschlag auf den anderen folgt. Deshalb gibt es überstrenge, frustrierte Lehrer, psychisch und physisch brutale Sport- und Balletttrainer, Ausbildner, Geschäftsführer, Manager, Eltern und Hundeausbildner. Für sie hat die ausgeübte Strafe übrigens noch einen positiven Geschmack parat: Sie dient der Etablierung und Erhaltung ihrer Macht. Der Strafende ist somit oft weniger an einer Verhaltensänderung des Trainees interessiert, sondern will bloß Autorität, Dominanz und Stärke vortäuschen.

Methode 3: Mein Name ist »Tu's nicht« –
Unterbrechen von Handlungen mit unangenehmem Reiz
Tritt ein Mensch oder Hund auf einen Dorn, dann pikst ihn der, und er lernt, dass es keine gute Idee ist, durch Brombeerbüsche und Hagebuttenzweige zu stelzen. Auch wenn er etwas kostet, das sehr scharf oder bitter schmeckt, wird er dies kaum ein zweites Mal in den Mund oder ins Maul nehmen. Solch ein unangenehmer Reiz sorgt dafür, dass das Verhalten sofort unterbrochen wird. Der Akteur kann im Gegensatz zur späteren Bestrafung dieses negative, unangenehme Ereignis jederzeit abwenden. Bauern nutzen die unangenehmen Reize zum Beispiel, damit ihnen die Kühe nicht davonlaufen. Ein Rindvieh auf einer mit Elektrozaun eingefriedeten Weide wird diesen vielleicht ein- oder zweimal mit der Schnauze berühren, einen Schlag spüren und zurückweichen. Es lernt, den Stromschlag zu vermeiden, indem es einen Respektabstand zum Zaun hält. Das Verhalten, den Zaun zu meiden und somit auf der Weide zu bleiben, wurde durch wenige, leicht schmerzhafte Erlebnisse äußerst effektiv bestärkt. Kleo kam ein einziges Mal bei einem Spaziergang bei einem Elektrozaun an, als sie am Stamm eines großen Nadelbaums schnüffelte, an dem er angenagelt war. Sie meidet seither Elektrozäune, egal ob sie auf Pfosten, Bäumen oder Ställen befestigt sind. Ich finde es beeindruckend, dass Hunde so schnell und präzise erkennen, woher der unangenehme Reiz kommt. Nur Menschen greifen wiederholt in den

Strom, in der Regel aber aus Ungeschicklichkeit beim Drüber-
steigen oder Durchkrabbeln sowie als Mutprobe.

Der Unterschied zur Strafe ist, dass der unangenehme Reiz
zeitgleich mit dem Verhalten und nicht später erfolgt, und
dass eine Verhaltensänderung sie augenblicklich abstellt. Hält
man einen tobenden Menschen am Boden fest und lockert
man den Griff, sobald er sich beruhigt hat, ist das negative
Bestärkung, weil der unangenehme Reiz wegfällt. Stellt man
ihn ein halbes Jahr später vor Gericht und sperrt ihn danach
ein, ist das eine Bestrafung.

Die Menschen arbeiten im täglichen Zusammenleben untereinander und mit ihren Haustieren ständig mit subtilen bis
brachialen unangenehmen Reizen. Der warnende Blick einer
Mutter, wenn die Kinder zu wild spielen, ist ein negativer Reiz.
Spritzt man die Katze mit dem Gartenschlauch an, wenn sie
im Blumenbeet buddelt, ist das für sie ein unangenehmes Erlebnis. Schüttelt der Chef den Kopf, wenn die Mitarbeiter tratschen, ist das ein negativer Reiz. Sehen einen die Leute schief
an, weil man unpassend gekleidet ist oder beim Essen schmatzt,
sind das negative Erlebnisse. Viele Menschen wenden sie aber
besonders gerne und häufig an, man nennt sie Nörgler: Eltern,
denen die Kinder nichts recht machen können, Trainer, die
ständig ihre Sportler runtermachen, Geschäftsführer, die Angestellte wegen jeder Kleinigkeit kritisieren. Ihre Opfer werden
bald von Selbstzweifeln heimgesucht, furchtsam und ängstlich.
Dasselbe passiert natürlich auch mit Hunden, denen dies und
das und überhaupt fast alles verboten wird. Häufig unangenehme Reize zu setzen, ist destruktiv. Erfolgreiche Eltern, Trainer
und Chefs setzen auf Lob, die Aussicht auf einen Fixplatz in
der Mannschaft und Gehaltserhöhungen, oder bei Hunde auf
Leckerlis, Streicheleinheiten, lange schöne Spaziergänge und
tolles Spielen. Hunde lernen genauso wie Menschen durch
positive Bestärkung leichter und schneller als durch Zurecht-

weisungen. Es gibt zum Beispiel beim Lernen der Leinenführigkeit, also dass der Hund an der lockeren Leine neben einem hergeht, eine Methode, bei der man mit negativen Reizen arbeitet: Man nimmt ihn an eine etwa drei Meter lange Leine und geht am Übungsplatz zunächst in eine Richtung, wechselt diese nach zufällig gewählten Distanzen immer wieder abrupt und schert sich überhaupt nicht, was der Hund tut. »Es klingt vielleicht komisch, aber stell dir vor, da ist nicht Kleo am Ende der Leine, sondern ein schwarzer Fetzen«, erklärte mir ein Trainer. Der Hund erfährt dadurch immer wieder einen Ruck am Halsband, wenn er nicht brav dem Menschen am anderen Ende der Leine folgt. Dies sind unangenehme Erlebnisse, die er vermeiden kann, indem er halbwegs aufmerksam hinter ihm läuft. Ich finde aber, dass der Hund viel schöner und aufmerksamer neben einem hergeht und es als positiv und nicht nur notwendiges Übel ansieht, wenn man mit positiver Bestätigung arbeitet. Man schreitet also mit Leine (oder einer langen Schleppleine, wenn die Gefahr besteht, dass der Hund sonst komplett verschwindet) seine skurrilen Wege auf der Wiese und schert sich nicht darum, was der Hund macht. Es sei denn, er läuft neben einem her, dann gibt es eine positive Bestärkung wie ein Leckerli oder Spielen. Bald wird es dem Hund Spaß machen, neben einem herzulaufen, und er wird einen aufmerksam ansehen, ob nicht endlich wieder eine Belohnung kommt. Außerdem kann man das Verhalten mit positiver Bestätigung viel genauer formen. Man kann ihm zum Beispiel beibringen, schön parallel neben einem herzugehen, was mit der anderen Methode kaum zu bewerkstelligen ist.

Es gibt aber einen Fall, wo eine Zurechtweisung viel angemessener und zielführender ist als positive Bestärkung: Bei vorsätzlichem, absichtlichem Fehlverhalten. Teenager, Tiere und Angestellte loten ihre Grenzen gerne aus und versuchen die Eltern, Besitzer und Chefs auf die Palme zu bringen und sind positiv bestätigt, wenn sie es schaffen. Erfolgt eine gut gemeinte, angemessene Zurechtweisung, präsentiert man sich als kompetenter Elternteil, Vorgesetzter oder Trainer.

Methode 4: Auslöschen – nicht einmal ignorieren
Bei manchen Verhaltensweisen braucht es kein gezieltes Eingreifen, um sie abzustellen, aber gute Nerven. Man lässt den Hund mit seinen Handlungen einfach ins Leere laufen und ignoriert sie. Das ist zum Beispiel die sinnvollste Methode, um Betteln bei Tisch zu vermeiden. Sieht einen der Hund mit großen, vorwurfsvollen Augen an, wenn man eine Thunfischpizza verspeist, leckt er sich über das Maul und bietet eine unterwürfige, bittende Geste nach der anderen an, muss man stark sein, sich auf das Essen konzentrieren und den Hund entschlossen ignorieren. Wenn ein Verhalten keine Bestätigung erfährt, zeigt er es immer seltener, bis es ganz verschwindet und somit »ausgelöscht« ist. »Irgendwann« ist bei manchen Hunden allerdings früher, bei anderen später. Manche von ihnen haben viele Tricks auf Lager, immer Hunger und großes Durchhaltevermögen, andere nicht. Manche werden sogar ihr Betteln zunächst intensivieren und vielleicht sogar mit Bellen und Herumtollen Aufmerksamkeit und eine Essensspende einfordern. Wenn es einem zu toll wird, kann man zu Methode eins oder drei wechseln. Bitte erschießen sie jetzt nicht ihren um Pizza bellenden Hund, sondern greifen sie zu einer weniger rabiaten Methode: Bringen sie ihn in ein anderes Zimmer und machen sie die Türe zu (das wäre Methode 1). Oder setzten sie bei allzu offensivem Betteln mit »offensivem Ignorieren«, indem sie aufstehen und emotionslos quasi durch den Hund durchgehen, bis er aufgibt und es sich im Hundebett, auf der Couch oder auch unter dem Tisch gemütlich macht (das wäre Methode 3). Bitte schenken sie ihm dabei nicht zu viel Aufmerksamkeit, sonst wird das Ganze zu einer positiven Bestätigung, und er sieht es

als Spiel, denn immerhin kümmern sie sich jetzt um ihn, anstatt sich ihrer leckeren Mahlzeit zu widmen.

Erfolgreiche Menschen verwenden die Methode der Auslöschung auch bei ihren Artgenossen. Dirigenten, die ein Orchester neu übernehmen, müssen sich in der Regel allerlei Kasperltheater der Musiker gefallen lassen, die ihre Autorität testen. Lassen sie sich von der ersten Geige auf die Palme bringen, fühlt sich diese bestätigt, und der Maestro wird es schwer haben, seine Ideen und Nuancen dem Orchester zu vermitteln. Ignoriert er die Blödeleien, werden sie rasch aufhören.

Bei Hunden kann man zum Beispiel das Begrüßungsanspringen auslöschen, wenn man hundeliebe Freunde einlädt, die den Hund konsequent ignorieren, wenn er stürmisch hochspringt, und sich erst dann mit ihm beschäftigen, wenn er ruhig ist.

Kleo liebt es, im Training zu blödeln und die Ausbildungsplätze sowie alle Anwesenden zu inspizieren, wenn ihr eine Übung zu langweilig wird. Ich habe mittlerweile sehr gut gelernt, was alles nicht funktioniert, um das abzustellen, und mache das körperlich Einfachste und psychisch Anspruchsvollste, weil es das Einzige ist, das funktioniert: Ich ignoriere das Verhalten. Ich stehe dann auf dem Übungsplatz und warte, bis ihr das Herumlaufen, Herumschnüffeln und Versuchen, die anderen Hundeführer und Trainer mit Spielaufforderungen und durch Anspringen zu Reaktionen zu bewegen, fader wird, als neben mir bei Fuß zu spielen. Die anderen Menschen auf dem Übungsplatz müssen dann aber auch ihre »Anmachversuche« ignorieren und sich wegdrehen. Sie ist nach solchen Eskapaden in der Regel wieder hoch motiviert, kommt hergelaufen, setzt sich musterschülergütig neben mich hin und fordert mich damit quasi auf, mit dem Üben weiterzumachen. Nach kurzer, stummer Diskussion lasse ich mich gerne dazu überreden.

Noch besser ist ein Trick, den auch viele Pferdetrainer bei jungen Rabauken anwenden: Sie einfach vor dem Training austollen zu lassen, bis es ihnen zu langweilig wird, allein herumzulaufen.

Methode 4 funktioniert aber nicht bei selbstbestätigenden Handlungen, also wenn das im Gehirn eingebaute hormonelle Belohnungssystem dem Hund dafür Glückshormone durch die Synapsen schickt. Darum kann man zum Beispiel buddeln oder das Hinterherjagen von Radfahrern, Joggern, Rehen und Kaninchen solange ignorieren, wie man will, dieses Verhalten wird nicht aufhören. Ebenso wird kein Hund davon abkommen, von der Küchenplatte Essen zu klauen, wenn man so tut, als hätte man nichts gesehen. In diesem Fall muss man zu anderen Methoden greifen, zum Beispiel ihn anleinen, damit er niemandem hinterherläuft, oder nichts an der Küche stehen lassen (Methode 1). Oder man verweist ihn jedes Mal aus der Küche, wenn er klauen will (negativer Reiz, Methode 3). Ihn zu strafen, wenn er nach einer halben Stunde und fünf Kilometern den Radfahrer oder das Reh in Ruhe lässt oder nachdem er das Grillfleisch runtergeschlungen hat, bringt nichts (Methode 2). Auch bei potenziell gefährlichen Handlungen wie dem Anspringen fremder Menschen sind »Auslöschversuche« freilich tabu. Sie funktionieren außerdem nicht, wenn eine Handlung schon fix in seinem Repertoire verankert ist. Hat er zwei Jahre lang schon bei Tisch gebettelt, werden zwei Jahre langes Ignorieren von Kulleraugen und sabbernden Lefzen kaum eine Besserung bei Tischbettlern bringen. Perfekt zunichtemachen kann man sich auch all seine Auslösch-Bemühungen, wenn man nach langem Bitten dann doch nachgibt. Damit lehrt man die Hunde (oder auch Menschen) nur, dass Beharrlichkeit zum Ziel führt und sie ja nicht aufgeben dürfen, wenn sie etwas erreichen wollen.

Methode 5: Hunde, die bellen, beißen nicht – Unvereinbare, alternative Handlung trainieren

Es ist zwar anders gemeint, aber wenn man das Sprichwort wörtlich nimmt, stimmt es: Während ein Hund gerade bellt, kann er nicht beißen. Genauso kann er keinem Kaninchen hinterherjagen, wenn er gerade ein Frisbee apportiert, und nicht mit Kulleraugen jedem Bissen, den man macht, sehnsüchtig bis in den Magen hinterhersehen, wenn er auf der Couch liegt. Eine sehr elegante und die erste positive Methode in dieser Liste, einen Hund von einem unerwünschten Verhalten abzubringen, ist ihn eine damit physisch unvereinbare Handlung zu lehren. Bei-Fuß-Gehen ist ein prächtiges Beispiel dafür. Während er brav neben einem herläuft, kann er nicht auf die Straße vor ein Auto springen, keine Kinder umschmeißen und keine anderen Hunde anpöbeln. Wenn er das solide gelernt hat, kann man ohne Zwischenfälle spazieren gehen. Hat er gelernt, neben einem zu sitzen, wenn man Leuten die Hände schüttelt, kann er sie nicht anspringen.

Diese Methode hat aber ein Limit: Läuft einem beim Spazierengehen im Wald ein Kaninchen oder Reh über den Weg, kann man den Hund wahrscheinlich mit den besten Leckerlis nicht zum Fuß-Gehen überreden, und wenn im Ort auf der anderen Straßenseite eine Katze oder ein Marder vorbeihuscht, ist die Gefahr ebenfalls groß, dass er nachhetzt. Ist der Reiz zu hoch, schlägt ein Adrenalinschub beim Hund quasi die Sicherung durch, und eine instinktive Handlung löst in Sekundenbruchteilen die einstudierte alternative Handlung auf. Deshalb sollte man sich immer gut überlegen, wo man ohne Leine gehen kann, und wo diese Sicherheitsmaßnahme trotz bester Erziehung sinnvoll ist. Wo keine Gefahr für den Hund oder andere droht und die Umweltreize kontrollierbar sind, ist das Trainieren von unvereinbarem Verhalten aber eine wunderbare Methode, um unerwünschtes Verhalten mit erwünschtem zu ersetzen.

Methode 6: Unter Signalkontrolle bringen

Ich bin vor Kurzem an einer Schule vorbeigegangen. Kein Geräusch drang von drinnen auf die Straße. Die Kinder schrieben wohl von den Tafeln ab, grübelten über Schularbeiten und hofften, dass die Lehrer ihnen nicht zu viele Hausübungen aufgaben. Dann läuteten die Pausenglocken. Lautes Sesselquietschen, Geplapper, Rufe und Getrampel. Von einem Augenblick auf den anderen änderte sich das Verhalten der Schüler von ruhigem, vielleicht gelangweiltem oder gestresstem Sitzen in fröhliches Beieinandersein und Bewegen. Die Lehrer wollen natürlich, dass sie nicht den ganzen Schultag über tratschen und herumwetzen, darum haben sie, möglicherweise ohne sich des lerntheoretischen Hintergrunds bewusst zu sein, dieses Verhalten »unter Signalkontrolle gebracht«. Ein Grundsatz der Lerntheorie ist nämlich, dass ein Verhalten, wenn ein Lebewesen lernt, es als Reaktion auf ein bestimmtes Zeichen hin durchzuführen, ansonsten viel seltener gezeigt wird. Weil das Pausenläuten das Signal gibt, dass man nun Essen, Trinken, Plaudern, aufs Klo gehen und Handy-Spielen darf, wird solches Verhalten in der Unterrichtsstunde viel seltener und verhaltener praktiziert. Wehe aber dem Lehrer, der dieses Kommando zu übergehen versucht und seine Stunde überzieht. Er muss nun auf einmal unruhige, maulende, miteinander tratschende Schüler übertönen und maßregeln, die zuvor höchstens leise, heimlich und dezent miteinander über Zettelchen, Handy-Nachrichten und Flüstern kommunizierten.

Wenn man Hunden, die ständig Kläffen, zum Beispiel beibringt auf Kommando zu bellen, werden sie es sonst viel weniger tun. Eine Hundetrainerin hat ihren Hunden sogar Kommandos beigebracht (mit Einverständnis des Jägers, der für dieses Gebiet verantwortlich ist), Fasanen und Krähen hinterher zu hetzen, die sie auf den Feldern sieht. Die Hunde können die Vögel nicht erwischen, weil sie auf- und davonfliegen, und laut ihren

Berichten ignorieren ihre Vierbeiner beim Spazierengehen im Wald seitdem Rehe und Hasen.

Deborah Skinner ist eigentlich Künstlerin, aber auch die Tochter des US-Psychologen B. F. Skinner, der auch als Vater der operanten Konditionierung gilt, also dass erwünschtes Verhalten durch Belohnung verstärkt und unerwünschtes Verhalten durch Bestrafung unterdrückt wird. Sie berichtete Pryor von einem ihrer Hunde, den sie in den Garten schickte, damit er dort sein Geschäft verrichtet, aber er winselte an der Türe und wollte wieder hinein, anstatt sich zu lösen. Sie malte eine Kartonscheibe auf der einen Seite weiß und auf der anderen Seite schwarz an und hängte sie außen an den Türgriff. Wenn sie die Scheibe so drehte, dass die schwarze Seite zu sehen war, konnte der Hund heulen so viel er wollte, sie ließ ihn trotzdem draußen. War die weiße Seite sichtbar, durfte er dann herein. Er lernte rasch, dass er beim schwarzen Signal nicht versuchen brauchte, um Einlass zu bitten.

Menschen kommunizieren auf diese Art über die Klotüren. Bei einem »besetzt« Zeichen oder einem roten Balken auf der Außenseite des Schlosses versuchen nur sehr eigensinnige Zeitgenossen, an der Schnalle zu drücken, um Einlass zum stillen Ort zu finden. Nur beim Signal »frei« oder »weiß« greift man normalerweise zur Klinke. Manchmal verschwindet das Verhalten ganz, wenn man das Frei-Signal dafür nicht mehr gibt. Ist die Toilette zum Beispiel »dauerbesetzt«, denkt man sich, dass sie jemand von außen versperrt hat, weil sie vielleicht leckt, und lässt die Klotür komplett in Ruhe.

Allerdings kann man nicht immer darauf bauen. Wenn eine Verkehrsampel nie grün zeigt, ignorieren die Menschen sie irgendwann und gehen sowie fahren auch bei Rot. Wenn man einen Hund nie kontrolliert bellen lässt, wird er wohl schnell wieder zum Kläffer. Man muss einen Hund aber meiner Meinung nach nicht unbedingt hinter Fasanen hinterherschicken, um seine Tendenz zum Wildern zu verringern. Man kann ihn auch anders auslasten und auf andere Gedanken bringen, zum Beispiel indem man ihn als Rettungshund trainiert und Menschen statt Wild im Wald suchen lässt.

Dinge unter Signalkontrolle zu bringen, kann aber auch negative Auswirkungen haben. So haben viele Eltern und Musiklehrer sicher schon vielen Kindern das Gitarre-, Klavier- und Flötespielen verleidet, indem sie diese zu fixen, oft täglichen Übungszeiten verdonnerten, so lange, bis diese nicht mehr wollten und das Instrument, das sie sonst vielleicht mit großem Enthusiasmus immer wieder gequält hätten, verstaubte und im Keller landete.

Methode 7: Abwesenheit fördern

Es ist später Sommer, wir sitzen bei Freunden im Garten, es wird gegrillt. Obwohl die Hunde genauso wie wir Menschen müde von einem langen Spaziergang sind, sind sie komplett aus dem Häuschen. Es riecht nach leckerem Fleisch, im Garten sind vier- und zweibeinige Spielgefährten. Die Hunde stacheln sich gegenseitig auf und bedrängen uns mit Spielaufforderungen, obwohl wir gerne in Ruhe essen würden. Wir ignorieren sie deshalb, wenn sie wild sind, und bestätigen jegliches andere Verhalten, das sie anbieten. Wenn sie sich unter den Tisch setzen, werden sie gestreichelt. Wenn sie sich auf die Terrasse legen, steht nach einiger Zeit einer von uns gaaaanz ruhig auf und steckt jedem ein Leckerli zu. Bald fläzen drei gerade noch überdrehte Hunde entspannt auf der Wiese und riskieren nur hie und da ein Auge, ob nicht doch irgendwann Fleisch für sie anfällt. Das passiert schließlich auch. Nachdem wir alle fertig gespeist haben, bekommt jeder von ihnen ein Stück, mit dem er sich in eine Ecke des Gartens verzieht, um es ungestört zu verzehren. Bald schlafen drei Hunde an verschiedensten Stellen im Garten, während wir Kaffee trinken.

Immer dann, wenn man nichts Besonderes vom Hund will, außer dass er diese und jene Verhaltensweise unterlässt, kann man einfach alle anderen Handlungen zum Beispiel durch Lob, Streicheln, Aufmerksamkeit und Leckerlis verstärken.

Auf diese Art haben wir auch Kleo davon abgebracht, unsere neuen Nachbarn anzubellen. Sie wollte, dass diese zum Zaun kommen und mit ihr spielen. Trotzdem war niemand mit dem wilden Gekläffe glücklich. Wir und genauso die Nachbarn lobten sie deshalb jedes Mal, wenn sie dazwischen kurz ruhig war. Bald erkannte sie, dass sie ihre und unsere Aufmerksamkeit nicht durch Bellen, sondern Ruhigsein bekommt, und hörte damit auf. Wenn sie die Nachbarn nun im Garten sieht, stürmt sie zum Zaun und begrüßt sie überfreundlich mit wildem Schwanzwedeln und angenehm geräuscharm.

Selbst das Tierenachjagen kann man so bis zu einem gewissen Punkt unterbinden. Wenn Kleo im Wald Rehe in einiger Entfernung sieht, steht sie zunächst wie gebannt da und beobachtet sie. Bevor sie auf die Idee kommt, auf sie los zu hetzen, lobe ich sie dafür, dass sie das eben nicht tut. Oft kommt sie dann, um sich ein Leckerli abzuholen, und lässt die Rehe Rehe sein. Weil das aber nicht immer der Fall ist und wir in unserer Gegend immer wieder Wild begegnen, spazieren wir dort nicht ohne Geschirr und langer Schleppleine. Die Taktik »Abwesenheit fördern« verhindert aber wirkungsvoll, dass Kleo mit Karacho in die Leine rennt. Damit kann man also oft tief verwurzeltes Verhalten verändern.

Methode 8: Motivation ändern

Die nobelste, freundlichste und effektivste Methode, einen hungrigen Hund vom Betteln am Tisch abzuhalten, ist ihm etwas zu essen zu geben, damit er keinen Hunger mehr zu leiden braucht. Kleos Abendmahlzeit steht daher genau dann im Napf, wenn auch wir Abend essen. Wenn ich tagsüber etwas nasche, finde ich es nur gerecht, dass sie auch etwas bekommt. Nicht von meinem Menschenessen, sondern einen Teil ihrer täglichen Ration. Man kann einem Hund strikt ein-, zwei- oder dreimal am Tag zu gewissen Uhrzeiten die Mahlzeiten in den Napf stellen, oder sie flexibel auf den Tag verteilen, sodass dieses überaus soziale Wesen nicht von den Aktivitäten der anderen Rudelmitglieder ausgeschlossen ist. So vermeidet man auch, dass Köter um diese und jene Uhrzeit fordernd vor seinem leeren Napf steht und einen nicht in Ruhe ausschlafen, fernsehen oder was auch immer tun lässt. Einen unausgelasteten, hibbeligen und dadurch nervigen Hund kann man schimpfen, wegsperren, ihm mühsam künstliche Ruhe antrainieren – oder ihn durch Hundesport, Spaziergänge, Joggen und Kopftraining auslasten. So behebt man das Problem an der Ursache und macht nicht nur die Symptome irgendwie weg. Winselt der Hund den ganzen Tag, wenn er allein zu Hause ist, kann man ihn vielleicht ins Büro mitnehmen. Manche Hunde sind aggressiv, weil sie Schmerzen haben oder krank sind. Hier kann der Tierarzt natürlich viel besser helfen als jegliches Verhaltenstraining. Man sollte bei unerwünschtem Verhalten also niemals Krankheit, Furcht, Hunger oder Einsamkeit als mögliche Gründe vergessen.

Manche Zeitgenossen versuchen sich aber im Umkehrschluss darin, durch Futterentzug oder sozialen Entzug die Motivation der Tiere zu erhöhen, gegen Essensgaben und Lob zu kooperieren. Auch mir haben Trainer am Anfang geraten, dass Kleo hungrig zum Training kommen soll, dann würde sie im Austausch gegen Wurststückchen viel besser bei Fuß gehen und andere Aufgaben lösen. Auch solle ich mich zuvor nicht zu viel mit ihr beschäftigen. Manch Jäger hält seine Hunde im Zwinger und nicht im Haushalt, damit sie gieriger auf soziale Kontakte sind und tun, was er ihnen anschafft, damit sie von ihm gelobt und gestreichelt werden. »Die Theorie besagt, dass ein Tier umso stärker und zuverlässiger für eine positive Bestärkung arbeitet, je mehr es eine solche Bestärkung braucht«, so Pryor. Deshalb gebe man Laborratten und Tauben, die in Verhaltensexperimenten benötigt werden, nur so viel Nahrung, dass sie 85 Prozent ihres Normalgewichts halten. In der Praxis sei dies Tierquälerei und Quatsch. »Unsere Trainer im Sea Life Park formten über die Bestärkung mit Futter das Verhalten von Schweinen, Hühnern, Pinguinen und sogar Fischen und Kraken, und sie hätten im Traum nicht daran gedacht, die armen Viecher vorher hungern zu lassen«, schrieb sie. Bei Versuchen mit Futterentzug bei Seelöwen machte man die Tiere damit nur mürrisch und unkooperativ. Außerdem wurden sie dadurch im Wachstum gehemmt.

Noch kritischer ist es, die Tiere mit sozialem Entzug bei Bedarf kooperativer machen zu wollen. Ein verarmtes Sozialleben kreiert bei Menschen wie Hunden Verhaltensstörungen. Hunde aus dem Zwinger sind wohl heilfroh, wenn sie herauskommen und zumindest zeitweise für sie adäquate Sozialkontakte pflegen können, aber ihre mentale Ausgeglichenheit und Sozialkompetenz kann nie so hoch sein wie bei gut sozialisierten Tieren. Sie werden dadurch furchtsamer gegenüber ungewohnten Situationen und unberechenbarer.

Versuche, die Motivation durch irgendeine Art von Entzug zu erhöhen, seien daher nicht nur unnötig, sondern oft auch schädlich, meint Pryor. Dass man Futter, Aufmerksamkeit oder etwas anderes, das der Trainee braucht, vor Trainingsbeginn reduziert, um dann damit auftrumpfen zu können, sei ein magerer Versuch, schlechtes Training zu kompensieren.

Fazit: Zuckerbrot, Peitsche und Konsequenz

Um gewünschtes, sozial verträgliches Verhalten einzufordern, muss man oft blitzschnell zwischen den verschiedenen Methoden wechseln. Das ist nicht so schwer, wie es klingen mag, denn vieles davon ist den Menschen instinktiv mitgegeben. Mütter springen bei ihren Kleinkindern sehr oft und übergangslos von negativen Reizen oder Ignorieren zu positivem, freundlichem Verhalten. Quengeln sie, werden die Sprösslinge standhaft ignoriert, wenn sie auch nur einen Moment ruhig sind, lächelt die Mutter sie an und streichelt sie. Tun sie etwas Gefährliches, wie ihre abgelutschten Finger in Richtung Steckdose zu strecken, werden sie mit einem schrillen Ruf davon abgehalten oder die Mutter greift entschlossen nach der Hand. Wenn die Kleinen daraufhin erschrecken und sie mit einem »Ich werde jetzt sofort verängstigt losheulen«-Blick ansehen, ist die Mutter ruhig und freundlich. Sie wissen dadurch, dass ihre vorige Handlung die Mama so komisch machte und erschreckte, aber sonst alles gut ist. Kleine Kinder und Hunde leben viel mehr in der Jetztzeit als erwachsene Menschen und grübeln nicht darüber nach, was vorher war und nachher kommt. Daher macht es bei ihnen keinen Sinn, wenn man ihnen vorhält, dass einen gestern Mittag dies und jenes an ihnen gestört hat. Sie würden dann einfach nur irritiert sein, dass Mutter, Vater, Herrchen oder Frauchen so seltsam drauf sind, obwohl es keinen ersichtlichen Grund dafür gibt.

Bei negativen Reizen und vor allem bei wirklichen Bestrafungen ist es sehr schwierig, die richtige Intensität zu wählen. Sie schrittweise zu erhöhen, bringt einen Gewöhnungseffekt, wie bei Delinquenten, die bei immer höheren Geldstrafen und immer längeren Gefängnisaufenthalten immer mehr abstumpfen. Also muss man von Anfang an hoch genug ansetzen, was aber immer die Gefahr bringt, dass man übertreibt und das Tier verängstigt und ihm Leiden zufügt, anstatt es etwas zu lehren. Bei positiver Verstärkung kann nicht viel passieren. Sind die Belohnungen zu minderwertig, wird das gewünschte Verhalten gar nicht oder unzureichend gezeigt, und man muss nachlegen. Teilt man zu großzügig Leckerlis aus, wird der Hund bald satt und vielleicht nach einiger Zeit übergewichtig sein. Dann geht man eben mit ihm mehr spazieren, joggen und Rad fahren. Wissenschaftliche Studien haben gezeigt, dass physische Bestrafung dem Hund nicht nur schadet, sondern auch vollkommen ineffizient ist, berichtet John Bradshaw. Zwei unabhängig durchgeführte Studien ergaben, dass Hunde, die mit Bestrafung »erzogen« werden, im Schnitt ungehorsamer und ängstlicher sind als Hunde, die mit Belohnungen trainiert werden. Laut einer in England durchgeführten Befragung waren auch Verhaltensprobleme wie das grundlose anbellen von Hunden und Menschen, Angstverhalten und Trennungsängste bei mit verbalen und körperlichen »Korrekturen« bedachten Hunden signifikant höher als bei jenen, die mit Leckerlis und Lob angeleitet wurden. Eine von Forschern der Veterinärmedizinischen Universität Wien durchgeführte Befragung ergab außerdem, dass häufiges Bestrafen das Aggressionslevel der Hunde hebt. Man sollte negative Bestärkung, Auslöschung durch Ignorieren und ähnliche Methoden daher im Training und Alltag nur in geringen Dosen einsetzen. Ganz ohne sie wird man aber nicht auskommen, wenn man nicht einen Hund haben will, der sich selber erzieht und dabei sicherlich andere Prioritäten setzt als ein Zweibeiner. Wichtig ist auf jeden Fall, sofort auf die positive Seite zu wechseln, wenn der Hund das gewünschte Verhalten zeigt. »Nicht geschimpft ist Lob genug«, ist eine unprobate Trainingsphilosophie.

In der Realität ist dieses Wissen aber noch kaum angekommen. Man sieht immer wieder, wie Hundebesitzer ihre Vierbeiner maßregeln, verängstigen und verunsichern, anstatt sie positiv anzuleiten. Wissenschaftliche Studien bestätigen dieses Bild. Eine Studie aus den USA brachte zutage, dass 43 Prozent der Hundebesitzer ihre Hunde bei unerwünschtem Verhalten schlagen oder treten, 39 Prozent wenden physische Gewalt an, um ihnen Gegenstände aus dem Maul zu nehmen, 31 Prozent schmeißen sie um (Alpha-Rolle), um ihnen zu zeigen, dass sie der Herr oder die Frau im Haus sind, 30 Prozent starren sie an oder machen Blickduelle mit ihnen, um sie einzuschüchtern, 29 Prozent drücken sie dominant ins »Platz«, und 26 Prozent packen und schütteln ihre Wangen. Bei mindestens einem Viertel der Hunde haben diese Maßnahmen eine aggressive Antwort ausgelöst, was erstens zeigt, dass sie für die Anwender nicht sicher sind, und zweitens, dass sie keine probaten Trainingsmethoden darstellen. Außerdem dürften die Dunkelziffern wie immer und überall höher sein, da sich einige der Testpersonen sicherlich scheuten, mit der Wahrheit herauszurücken, selbst wenn die Befragungen anonym sind. Auf die Frage, wo sie diese »Erziehungstechniken« abgeschaut oder gelernt hätten, gaben die meisten der Befragten zum Erstaunen der Forscher nicht ihre Großmutter (die mit den Pantoffeln in der Hand den Hund Moral und Sitten lehrte) oder steinalte Bücher an, sondern moderne Fernsehsendungen mit »Hundeflüsterern« und anderen Pseudoexperten. Bei TV-Sendern und Zusehern kämen anscheinend Methoden mit hoher Dramatik, die auf Konfrontation und Bestrafung basieren, besser an als friedvolle, belohnungsbasierte Ansätze, meint Bradshaw. Konflikte und dramatische Lösungen haben offensichtlich Unterhaltungswert. Leider werden solche Sendungen aber nicht nur als Unterhaltung gesehen (wobei das Zusehen teilweise viel mehr psychische Schmerzen als Unterhaltung bietet), sondern als Vorbild und Anleitung für Hundebesitzer, die mit ihren Vierbeinern raufen. Wenn sie diese Methoden im guten Glauben übernehmen und nachahmen – immerhin gibt es im Plot immer eine positive Auflösung des Problems, also ein Happy End –, ist die Wahrscheinlichkeit groß, dass sie die Probleme nur verschärfen und nicht verbessern. Funktionieren die Methoden nicht so schnell und mühelos wie im Fernsehen vorgeführt, ist die Gefahr groß, dass die Hundebesitzer die Intensität der Bestrafung sogar noch intensivieren, weil sie glauben, dass der Hund sie noch nicht als dominanten Rudelherrscher anerkennt und akzeptiert, also die Lage verkannt hat. Dass sich die Situation damit nicht verbessert, ist wohl klar. Es ist also mehr Zuckerbrot als Peitsche gefragt, wenn man gut mit Hunden auskommen und ihnen etwas beibringen will.

ABBRUCHSIGNALE – NICHTS KANN MAN ÖFTER TRAINIEREN

Als ich vor einiger Zeit in einer Konditorei saß, musste ich ein Gespräch vom Nachbartisch ältlicher Damen mitanhören, das sich um die Grobheiten der Hundeerziehung drehte. Wenn man seinen Vierbeiner auf frischer Tat ertappt, sollte man stracks zu einer zusammengerollten Zeitung greifen, die jeder Hundebesitzer parat haben muss. Damit gäbe man ihm einen Klaps auf die Schnauze. Auf keinen Fall mit der Hand, denn sonst würde man früher oder später gebissen. Auch meine Großmutter erzog ihre Hunde auf diese Unart, auch wenn sie lieber zu Filzpantoffeln als zu ihrem kleinformatigen Revolverblatt griff.

Moderner und moderater ist ein Trick der US-amerikanischen Hundetrainerin, Zoologin und Verhaltensexpertin Patricia McConnell, der jeden Hund verlässlich zum Aufhören bringt. Er funktioniert aber nicht aus dem Stegreif, sondern man muss ihn trainieren. Unsere geliebten Vierbeiner geben uns in diesem Fall reihenweise Gelegenheiten dazu. Kleo nagte in ihrer Welpenzeit gerne an meinen Flip-Flops, die seitdem von ihren spitzen Milchzähnen stark geprägt sind. Um sie dabei zu unterbrechen, ließ ich ein Buch in einiger Entfernung zu ihr auf den Boden fallen. Wie laut der Knall sein soll, hängt vom Hund ab: Bei einem schreckhaften, vorsichtigen Hund reicht es, ein Taschenbuch auf den Teppich plumpsen zu lassen, ein frecher, uner-

schrockener Hund verträgt auch den Aufprall einer Enzyklo-
pädie am Parkettboden. Im Zweifelsfall sollte das Buch lieber
zu leicht als zu schwer sein. Wir wollen mit dem Geräusch den
Hund nicht erschrecken, sondern es sollte nur so intensiv sein,
dass wir seine Aufmerksamkeit gewinnen. Wenn er mit der
unerwünschten Handlung aufhört und zu uns hersieht, haben
wir alles richtig gemacht, und es gibt eine Belohnung. Für ihn,
nicht für uns. Nach ein paar Mal denken wir uns ein Signal aus,
das von nun an das »Abbruchsignal« für jedwede unerwünschte
Handlung sein wird. »Nein« ist keine gute Idee, denn dieses
Wort verwenden wir Menschen im Überschwang und es nutzt
sich rasch ab. Es sollte ein Wort oder Sprüchlein sein, das wir
nur für diesen speziellen Anlass reservieren und das uns nicht
unbedacht über die Lippen kommt. Zum Beispiel: »Lass es.«
Wir sagen es bei der nächsten Trainingseinheit, deren Zeitpunkt
sich der Hund ausgesucht hat, idealerweise kurz bevor das
Buch am Boden aufkommt. Die Reihenfolge: »Lass es«, »platsch«,
»gut gemacht« wird nun ein paar Mal eingehalten, bis die Abfolge
bei Mensch und Hund sitzt. Dann kann man die Literatur aus
dem Spiel nehmen, denn durch die klassische Konditionierung
hat der Vierbeiner das Abbruchsignal (also das Wort) mit der
Handlung (Aufhören und Herschauen) verknüpft. Weil Kleo
immer wieder neue Trainingsmöglichkeiten generiert, ist das
Abbruchsignal eines unserer bestfunktionierenden Kommuni-
kationssignale.

GELEGENHEIT MACHT GEWOHNHEITSDIEBE

Meine Tochter buk eine Torte, weil wir am nächsten Tag Besucher
erwarteten. Sie wurde herzförmig, obwohl sie zunächst ganz
klassisch rund geplant war. Dafür hat Kleo gesorgt. Bis vor
Kurzem hat sie nie vom Tisch oder von der Küchenplatte ge-

stohlen, doch dann fehlte einmal der Mozzarella von einer Pizza, die unbeaufsichtigt in der Küche herumstand. Kleo wurde durch den leckeren Pizzabelag positiv bestätigt, dass sich zur Arbeitsplatte aufstellen und Stehlen eine zielführende Aktion ist. Ihr ist bewusst, dass dies unsere Ressourcen sind, die wir verteidigen würden. Wenn jemand da ist, liegt sie am Boden und wartet, ob sie etwas zu naschen bekommt. Wenn niemand da ist und ihre Nase sagt, dass da oben etwas herumstehen muss, schaut sie nach. Aus Hundesicht ist es das Normalste der Welt, dass man sich unbeabsichtigte Ressourcen zu Gute kommen lässt. Forscher des Max-Planck-Instituts für evolutionäre Anthropologie in Leipzig haben nachgewiesen, dass Hunde ganz genau wissen, wann sie beobachtet werden und brav sein müssen und wann nicht. Die Biologin Juliane Bräuer, die dort arbeitet, ging eines Tages mit ihrer Hündin Mora spazieren. Mora entdeckte ein altes weggeworfenes Wurstbrot und beschloss, damit ihren Speiseplan zu ergänzen. Bräuer sah, wie sie es ins Maul nahm, und gab ihr rasch das Kommando, die Beute fallen zu lassen, was der gut trainierte Hund auch tat. Kaum hatte sich Frauchen aber weggedreht, um weiterzugehen, schnappte Mora sofort wieder nach dem vergammelten Brot und schlang es hinunter.

Die Wissenschafterin holte sich daraufhin sechs fremde Hunde und Besitzer ins Institut und machte mit ihnen einen kontrollierten Versuch: Sie legte den Hunden je ein Leckerli vor die Nase, die Besitzer verboten ihnen aber, es sich zu schnappen. Beobachteten sie den Hund in den folgenden drei Minuten streng, holten sich die Hunde die verbotenen Happen nur sehr selten und »auf komplizierten Schleichwegen«. Spielten die Besitzer aber im Auftrag der Forscherin Gameboy und waren demnach abgelenkt, stahlen ihre Vierbeiner doppelt so oft und ohne Umstände zu veranstalten. Drehten sich die Menschen um oder schlossen sie die Augen, verschwanden die Leckerlis dreimal so häufig. Verließen die Besitzer das Zimmer, war kein Happen mehr sicher: 47 von 48 verschwanden in den Hunderachen. »Sie stahlen das Futter also fast immer, wenn sie sich unbeobachtet fühlten, und so gut wie nie, wenn der Mensch sie ansah«, so Bräuer. In einem weiteren Versuch fanden die Forscher heraus, dass Hunde auch wissen, ob wir sehen können, was sie sehen, oder nicht. Wenn der Blick auf einen Gegenstand für die Hunde frei, zwischen Mensch und Gegenstand jedoch eine Wand war, wussten die Hunde, dass der Gegenstand für die Menschen verborgen war. Sie haben also eine Vorstellung davon, was ihr Gegenüber sehen kann und was nicht, und ob sie beobachtet werden oder nicht. Da klauen in Hundekreisen nicht ehrenrührig ist, schnappen sie sich eben »freie« Nahrungsmittel. Was der eine nicht frisst, nimmt sich der Nächste. Damit kein Menschenessen aus der Küche verschwindet, sollte man also ganz einfach nichts unbeobachtet stehen lassen. Die hohen kognitiven Fähigkeiten und die bei Kaniden anders als bei Humanoiden funktionierenden Moralvorstellungen bewirken sonst, dass Essbares fast zwangsweise im Hundemagen landet. Die Macht der operanten Konditionierung wiederum sorgt dafür, dass einmal Gelerntes zur Gewohnheit wird, die man kaum wieder loswird.

Meine Tochter Elina hat jedenfalls nicht daran gedacht, dass Kleo auf den Geschmack des Klauens gekommen war, und ließ ihre fürs Füllen bereite Torte kurz unbeaufsichtigt in der Küche. Auf einer Seite fehlte ein bogenförmiges Stück, als sie wieder zurückkam. Sie bedachte Kleo eines bösen Blickes und löste das Problem kreativ. Auf der betreffenden Seite schnitt sie großzügig einen Keil aus, und auf der anderen spitzte sie die Torte zu. Die Gäste wussten nichts von der zugrunde liegenden Geschichte und fanden die herzige Torte lecker und ungewöhnlich schick.

BESUCH!

Besuch ist für Hunde immer etwas Aufregendes. Es tauchen Leute auf, die sie streicheln oder mit ihnen spielen könnten und neue Gerüche mitbringen. Auch wenn ein Rudelmitglied nach der Schule oder Arbeit nach Hause kommt, finden die Hunde das toll und zeigen es meist auch. Sie stürmen auf den Ankömmling zu und wollen ihm als Geste ihres Respekts ins Gesicht schlecken, wozu sie an ihm hochspringen müssen. Das finden wiederum die meisten Menschen nicht so toll, und Leute anzuspringen ist potenziell gefährlich.

Die Dominanz-Fraktion unter den Hundeexperten rät hier, den Hund zu ignorieren, bis alle Menschen begrüßt wurden. Er solle gefälligst die Familien-, also Rudelhierarchie respektieren und darf erst Hallo schlecken, wenn er seinem Rang entsprechend dran ist – also als Letzter. Auf diese Art würde er lernen, ruhig zu sein, wenn jemand kommt, und aus irgendeinem Grund – vielleicht aus Demut wegen seiner sozialen Erniedrigung, die er bei jedem solchen Besuch erfährt – viel gemäßigter begrüßen. Es hat aber bei Wölfen oder freien Hunderudeln nie jemand gezeigt oder beobachtet, dass das Rudel Fremde oder zurückkehrende Mitglieder in der Reihenfolge ihrer sozialen Stellung willkommen heißt. Dass diese Methode trotzdem funktionieren kann, liegt nicht am Dominanzgebaren des zweibeinigen Möchtegernrudelführers, sondern am Trainingseffekt. Der Hund wird positiv bestätigt, wenn er wartet, indem er gelobt oder zumindest nicht geschimpft wird. Anschließend darf er ja doch begrüßen, was eine große Belohnung für das Warten ist. Wahrscheinlich wird die Begrüßung sogar ein wenig ruhiger ausfallen als gleich zu Beginn, weil sich seine Freude und Aufregung mittlerweile ein bisschen gelegt haben. Sehr menschenliebe und quirlige Hunde wie ein schwarzer Flat Coated Retriever namens Kleo bauen hingegen Spannung durchs

Warten auf. Dominanzgesten würde sie mit fragenden Blicken nach dem Motto »Dort ist der Besuch, ich verstehe nicht, was du jetzt von mir willst« quittieren. Hier funktioniert, wie so oft, operante Konditionierung mit positiver Bestätigung besser und frustfreier. Als Signal kann man das Läuten der Türglocke verwenden. Man lehrt den Vierbeiner, beim Läuten ins Wohnzimmer oder in den Garten hinter dem Haus zu laufen. Die Wohnzimmertüre oder hintere Gartentüre geht bei Bedarf zu. Das ist prima, wenn man ein Päckchen vom Briefträger entgegennimmt oder der Besuch zum Beispiel ein Handwerker ist, der ungestört arbeiten will. Der Hund lernt dadurch auch, dass es normal und okay ist, wenn manche Leute kommen und gehen, ohne dass er mit ihnen zu tun hat. Ist der Ankömmling ein »echter« Besucher, wird der Hund einfach mit Lob und Leckerlis fürs Warten und ruhige Begrüßen belohnt. Die besten Trainingsobjekte sind befreundete Hundeliebhaber, die man bittet, sich bei wilden Freudeattacken wegzudrehen und den Hund dann zu belohnen, wenn er alle vier Pfoten auf dem Boden hat. Im Endeffekt macht die Dominanzfraktion nichts anderes, außer die positive Bestätigung zu unterschlagen und dem Hund Frust aufzubürden und somit den Lerneffekt zu verlangsamen.

RUHE LERNEN

Die meisten heutigen Hunderassen wurden nicht als Couch-Potatos konzipiert. Sie sollten Schafe und Rinder hüten, neben dem Wagen herlaufen, um ihn zu bewachen, Wild aufstöbern, es jagen und bringen oder Schlitten ziehen. Viele Menschen versuchen zwar mit Hundesport, Rettungshundeausbildung, Hütetraining und anderen Aktivitäten ihre Hunde auszulasten, trotzdem ist die meiste Zeit am Tag für sie Ruhe angesagt. Sie sind entweder zu Hause allein oder sollen brav im Büro liegen und niemanden stören. Als Welpen findet man es zwar oft süß, wenn sie lebhaft sind, und die Kleinen sind ohnehin nach ein bisschen Herumtollen so müde, dass sie sich in eine Ecke vertrollen und schlafen. Später sind sie aber dann als ausgewachsene Hunde unausgewogen und unrund, wenn nichts Interessantes rund um sie passiert, werden fordernd, lästig und nervig. Außerdem geht es ihnen selbst nicht gut, wenn sie nicht gelernt haben, sich zwischendurch zu entspannen. Man kann mit ihnen aber »Ruhe« genauso trainieren wie Fuß gehen. Die Verhaltensforscherin Karen Overall von der Universität Pennsylvania in den USA hat ein »Entspannungsprotokoll« für Hunde erarbeitet. Man findet es im Internet auf Englisch unter »Protocol for Relaxation«. Wenn man versteht, wie es funktioniert, kann man aber auch abseits vom Protokoll Ruhe und Entspannung mit Hunden trainieren. Man lässt den Hund sich hinsetzen oder hinlegen und gibt ihm mit der Hand zu verstehen, dass er dortbleiben soll, wo er ist. Das funktioniert am besten mit der intuitiven, beruhigenden Geste, dass man mit der offenen Hand langsam nach unten deutet, so wie wenn man einen aufgeregten Menschen auffordern will: »Komm jetzt runter von deinem Erregungstrip und beruhige dich.« Es ist dabei egal, ob der Hund sitzt oder liegt, und er wird am Anfang auch noch leicht angespannt sein, er sollte aber nicht aufspringen, sich aufrichten oder gar ein paar Schritte gehen. Wenn er verharrt, gibt es ein lobendes Wort (oder einen Klick, falls er diese Trainingsmethode kennt) und ein Leckerli. Das Ganze macht man zunächst in der gewohnten Umgebung, zum Beispiel im Wohnzimmer. Zuerst sollte er zwei bis fünf Sekunden sitzen oder liegen, später zehn, zwanzig, eine Minute und mehr. Man klatscht, und wenn er trotzdem verharrt, wird er belohnt. Man macht einen Schritt nach rechts, Belohnung fürs Ruhigbleiben. Nach links, nach hinten, im Laufschritt, irgendwann kann man um ihn herumjoggen und -tanzen, und er wird trotzdem entspannt da liegen. Man geht aus dem Raum und belohnt ihn, wenn er danach immer noch brav liegt. Wenn man übertreibt und er Fehler macht, also auf einmal aufsteht, bellt oder Spielaufforderungen lanciert, bleibt man ruhig, fordert ihn zum Liegen auf und macht mit leichteren Übungen weiter. Kann er all das aus dem Effeff, kann man den Schwierigkeitsgrad steigern, indem man die Umgebung spannender macht. Man geht zum Beispiel in den Garten. Dann sollte man aber die Intervalle und Ablenkungen wieder ein bisschen herunterschrauben, um den Hund nicht zu überfordern. Irgendwann hat man dann einen Hund, der im Büro unter dem Tisch schläft, selbst wenn die Kollegen aufgeregt über dies und das diskutieren oder jemand durchs Zimmer hastet.

FRUSTTOLERANZ

Hunde sollten damit umgehen können, dass nicht alles nach ihren Wünschen passiert. Dass wir nicht immer mit ihnen spielen, sie nicht immer streicheln, nicht Leckerlis zu ihnen schleudern und die Futtertasse hinstellen, wann immer sie wollen. Dass wir bei Tisch sitzen und sie nicht. Dass sie vielleicht nicht im Bett schlafen und auf der Couch liegen dürfen. Dass der Besuch nicht angesprungen werden darf und andere Hunde auf der Straße einfach vorbeigehen, ohne dass sie mit ihnen spielen dürfen. Wenn sie das nicht lernen, werden sie fordernd.

In der Hundeschule sagte man mir, dass man den Hund nie streicheln soll, wenn er von sich aus herkommt, und auch nicht mit ihm spielen darf, wenn er zum Beispiel mit einem Apportiergegenstand antanzt. Man solle ihn ignorieren, und wenn er sich wegdreht, quasi befehlen, dass er zum Streicheln herkommt oder das Spielzeug herbringt. Alle Aktionen sollen demnach vom Menschen ausgehen.

Ich finde diese Konsequenz im Ignorieren übertrieben. Der Hund lernt dadurch auch, dass er keinen Einfluss auf seine Umgebung hat, was jedes Lebewesen frustriert. Frust wiederum erzeugt Verhaltensprobleme. Hat man Lust mit ihm zu spielen oder ihn zu streicheln, wenn er angetanzt kommt, dann sollte man es tun. Wenn man gerade anderes zu tun hat, muss Vierbeiner mit ein wenig Frust zurechtkommen. Hunde können genauso wie Kinder lernen, dass man manchmal Zeit hat und sich mit ihnen beschäftigen will und manchmal nicht. Untereinander handhaben sie es auch nicht anders. Manchmal gehen sie auf die Spielaufforderungen ihrer Artgenossen ein, manchmal nicht. Sie sollten aber schon als Kleine lernen, dass nicht immer alles nach ihrem Willen läuft. Bei Kindern und Welpen ist es lustig und niedlich, wenn sie aufgeweckt und anhänglich sind, bei jugendlichen und erwachsenen Menschen und Hunden wird es rasch fordernde Aufdringlichkeit, die irgendwann in Frust und unsozialem Verhalten endet. Beide Spezies neigen dann sogar zu Zerstörungswut und anderem unerwünschten Verhalten. Deshalb sollten sie von klein auf Frusttoleranz erwerben, aber gleichzeitig vermittelt bekommen, dass sie mit erwünschtem Verhalten ihre Umwelt beeinflussen und zumindest einen Teil ihres sozialen Lebens selbst bestimmen können.

Bringt man dem Hund bei, dass er lästig sein muss, um etwas zu bekommen, wird er lästig sein, um etwas zu bekommen. Bringt man ihm bei, dass er zu allem Nötigen kommt, was er braucht, wenn er erwünschtes Verhalten zeigt, wird er sehr oft erwünschtes Verhalten zeigen. Man sollte auch nicht warten, bis es Probleme gibt, weil der Hund unausgelastet ist, sondern solche Situationen nach Möglichkeit gar nicht entstehen lassen. Wenn der Hund weiß, dass wir regelmäßig mit ihm spazieren gehen, braucht er nicht jaulend vor der Türe zu sitzen und uns dazu aufzurufen. Freilich gibt es auch Perioden, wo man den Hund ein bisschen vernachlässigen muss, weil man nicht alles gleichzeitig machen kann. Ein ausgeglichener, frusttoleranter Hund wird das aber verkraften. Er wird es auch verkraften, dass man ihn zurechtweist, wenn er seine Grenzen überschreitet. Dazu kann man zum Beispiel das Kommando »genug« einführen. Hat man genug gespielt, oder will man erst gar nicht anfangen, wenn er fordert, sagt man das Zauberwort, dreht sich weg und ignoriert ihn demonstrativ. Man kann auch ein paar Schritte weggehen oder ganz betont etwas anderes tun. Bald wird er lernen, dass dann Schluss mit lustig ist.

LAUFEN SIE VOR IHREM HUND DAVON!

Auf einer Wiese spielen zwei Hunde, während die Besitzer neben einer Bank stehen und plaudern. Ich muss jetzt weiter gehen, sagt der eine, stellt sich wie ein preußischer General stocksteif und breitbeinig hin und ruft seinen Hund. Dieser hört seinen Namen und schaut auf. Weil der Hund nicht gleich kommt, geht der Mann böse auf ihn zu und brüllt, er soll jetzt endlich herkommen. Der Hund schüttelt sich. Das ist in dem Kontext eine Übersprunghandlung, er kennt sich nicht aus. Der Besitzer ärgert sich, und mit der Leine in der Hand geht er verärgert und großen Schrittes auf den Hund zu. Der bleibt seinem Herrn tunlichst fern und ist überzeugt, dass jener dies auch von ihm verlangt.

Viele Menschen rufen ihre Hunde mit Worten, während ihre Körpersprache genau das Gegenteil sagt. Da Hunde im Zweifelsfall öfter die Sprache des Körpers ernst nehmen als die verbale, bleiben sie dann in der Regel, wo sie sind.

Besser ist es, zurückzuweichen. Man geht einen Schritt zurück, macht sich eventuell kleiner, als man ist, zeigt dem Hund die Breitseite oder sogar den Rücken und geht. Hunde sind Rudeltiere und haben es gelernt, der Mutter nachzulaufen.

Wenn jemand direkt auf sie zugeht oder sich vor ihnen aufbaut, heißt das in ihrer Sprache, »Stopp, nicht weiter«. Wenn jemand fortgeht, ist es eine Aufforderung zu folgen. Wollen Sie also, dass der Hund zu Ihnen kommt, gehen Sie nicht zu ihm hin. Hunde spielen auch gerne nachlaufen. Laufen Sie von ihm fort! Das ist die beste Methode, dass er rasch zu Ihnen kommt.

NEIN, NEIN, NEIN – KOMMANDOS NÜTZEN SICH AB

»Uh, uh, uh«, hallt es durch das Affenhaus im Zoo. Das Kind ist begeistert von den lustigen Schimpansen, Kapuzineräffchen und Gibbons. Ein wenig später kommt es mit seinen Eltern an einem Imbissstand vorbei und quengelt, dass es gerne ein Eis hätte. »Nein«, sagt die Mutter. »Bitte, bitte«, fleht das Kind. »Nein, nein, nein«, so der Vater. Primaten, also Affen und Menschenaffen, wiederholen sich gerne. Sie wollen damit ihren Worten Nachdruck verleihen und sind gewohnt, dass ein dreifaches Zitat mehr wiegt als ein einfaches. Davon kann auch der Nobelpreisträger Bob Dylan ein Lied singen: »Ich mag dich, ich mag dich, ich mag dich so irre. Süße, ich mag dich.« Hunde ticken anders. Sie verstehen unsere Kommandos nicht als einzelne Worte und Silben, sondern als Ganzes. Wir können mit ihnen also üben, dass sie eifrig zu uns herlaufen, wenn wir »hier« rufen, sollten aber unser Primatenerbe ganz fest im Zaum halten, wenn sie einmal nicht gleich anrücken, und dann auf keinen Fall schimpfen: »Hier! Hieer!! Hieer!!!« Wenn sie dann endlich kommen und wir sie belohnen, haben wir ihnen nämlich etwas angewöhnt, das wir so nicht wollten. Sie haben dann gelernt, dass »hier« sie nicht tangiert und »hierhieerhieeer« bedeutet, dass sie zu uns kommen sollen. Man muss dann quasi ganz neu anfangen und das einfache Kommando »hier« mit dem Herkommen verknüpfen.

Mit gut gelernten Kommandos sollte man außerdem sorgsam umgehen, denn wenn man sie unbedacht und inkonsequent verwendet, nutzt man sie schnell ab. Menschen sagen gerne etwas, ohne es wirklich ernst zu meinen. Wenn zum Beispiel mehrere Hunde vergnügt spielen und man seinen Vierbeiner abruft, ohne wirklich daran zu glauben, dass er das Umhertollen mit seinen Artgenossen aufgibt und kommt, ist das kontraproduktiv. Je öfter man ruft, ohne dass er reagiert, umso mehr wird sich bei ihm die Meinung festigen, dass er dann eigentlich gar nicht reagieren muss. Wenn er nach geraumer Zeit, nach dem x-ten Rufen endlich seine mittlerweile müden Knochen zu uns bewegt, ist man wiederum in der Zwickmühle. Entweder man belohnt ihn nicht, dann lernt er, dass herkommen doof ist, selbst wenn er gerufen wurde. Oder man gibt ihm ein Leckerli, woraufhin er weiß, dass es egal ist, ob er beim ersten oder zehnten Mal kommt, die Belohnung läuft ihm nicht davon. Man kann ihm dann entweder nach einigem Warten eine kleine Belohnung geben, während man bei jedem Mal rasch Herkommen schnell eine große Überraschung zückt, aber viel besser ist es, man hat sich dieses Geplänkel von vornherein erspart, indem man ihn nicht einfach achtlos und halbherzig herbeiruft. Man kann zum Beispiel einfach weitergehen und vertrauen, dass der Brave bald angesaust kommt, weil er um alles in der Welt vermeiden will, dass sein geliebter Besitzer ohne ihn abhaut.

SPERREN SIE IHREN HUND IN EINEN KÄFIG!

Ich parkte auf einem Feldweg bei ein paar blühenden Fliederbüschen, zog mir feste Schuhe für den täglichen langen Spaziergang mit Kleo an und hängte mir meine Kamera um, als eine ältere Frau mit einem Malteserhund um die Ecke kam. Ich ließ Kleo in ihrer Alugitterbox, die ich statt zwei Rücksitzen im

Fond montiert habe, weil ich nicht wollte, dass sie den Hund direkt aus dem Auto anstürmt. Da ich sonst nichts zu tun hatte, machte ich ein paar Fotos von den Blüten. »Schöne Kamera haben sie da, wir gehen jeden Tag bei den duftenden Blüten vorbei. Sind sie extra zum Fotografieren hergekommen?« »Nein, ich werde mit meiner Hündin eine Runde machen, sie sitzt noch im Auto.« Ihre Augen weiteten sich. »Die ist ja in einem Käfig«, sagte sie zu ihrem Fellwuschel, und die beiden schritten entsetzt von dannen.

Abgesehen davon, dass Hunde bei einer Autofahrt mit Abstand am sichersten in einer Gitterbox verwahrt sind, möchte ich dazu ermutigen, einem Hund diesen Luxus auch zu Hause anzugewöhnen. Eine Box kann zwei fabelhafte Dinge: Den Hund davon abhalten, etwas für sich selber oder andere Gefährliches anzustellen, und ihm Plätzchen sein, wo er sich vor nichts und niemandem fürchten muss. Wenn sich ein Hund gut mit seiner Box angefreundet hat, ist sie zum Beispiel im Urlaub in einem völlig fremden Zimmer ein Rückzugsort, wo er sich zu Hause fühlt. Kleo ist wunderbar darauf konditioniert, dass sie sich in der Box ausruht. Sie hat gelernt, dass nichts passiert und alles rundherum langweilig ist, wenn sie in der Box ist. Kaum ist sie in ihrer kleinen Höhle, legt sie sich hin und entspannt sich wie auf Knopfdruck.

Es ist ganz simpel, einem Welpen die Box, auch Kennel genannt, schmackhaft zu machen. Man lockt ihn mit einem Snack hinein, und wenn er sich drinnen hinsetzt oder hinlegt, bekommt er gleich noch einen. Bald wird er die guten Gefühle – ich bekomme eine Leckerei – mit dem Kennel verknüpfen und sich darin wohlfühlen. Dann schließt man die Tür kurz und macht sie gleich wieder auf. Wenn er winselt, daran kratzt oder ähnliches, ignoriert man das und belohnt ihn, wenn er wieder kurz ruhig ist. Auch die Türe geht immer nur dann auf, wenn er still und gelassen ist. Sollte das eine Weile dauern, legt man sich einfach entspannt daneben hin und wartet, bis auch der Welpe ruhig ist. Wie jede Übung sollte man mit kleinen Schritten arbeiten und nichts übereilen. Im Idealfall sollte das Training so behutsam aufgebaut sein, dass der Hund nie zu winseln oder kratzen beginnt. Als Nächstes kann man kurz aus dem Raum gehen und irgendwann die Zimmertüre zumachen. Bald hat man so einen Welpen, für den ein Kennel ein Ruheplatz, eine Entspannungsoase und ein Schutzort ist. Lässt man ihn für einige Zeit allein, gehört natürlich eine Trinkschüssel hinein oder ein Trinkeimer ans Gitter gehängt. Wenn Kleo müde ist, zieht sie sich gerne in ihre Box zurück, weil sie weiß, dass sie dort ungestört und sicher ist. Auch während Silvesterknaller und Gewitterdonner dröhnen, harrt sie am liebsten dort aus.

In Urlaubspensionen und Hotels, die nicht immer kinder- und hundesicher eingerichtet sind, kann man seinen Vierbeiner so zum Beispiel während des Frühstücks oder Abendessens beruhigt im Zimmer lassen, ohne dass er an der Türe oder an Möbeln kratzen, eine Vase umschmeißen oder den Zimmer-service heftig begrüßen kann, falls er oder sie das »Bitte nicht stören«-Schild ignoriert hat.

Am praktischsten für die Reise sind Drahtgitterboxen, die man gut zusammenfalten kann. Stoffboxen sehen zwar weniger zwingermäßig aus, aber im Sommer wird es sehr schnell heiß darin. Außerdem sind sie alles andere als ausbruchssicher. Kleo lernte schnell, den Reißverschluss mit der Pfote von innen zu öffnen. Als wir sie während einer Rettungshundeübung einmal in der Stoffbox im Auto ließen, als andere Hunde dran waren, klippte ich den Zipp-Schlitten außen mit einem kleinen Karabiner fest, damit sie ihn nicht von innen öffnet. Sie hat es trotzdem versucht, bis schließlich daneben von ihren Krallen eine nicht wieder verschließbare Öffnung im Stoff war. Der Hund einer Trainerin wiederum hat gelernt, den Zipp von innen mit der Zunge aufzuschlecken, und als sie ihn während einer

Kur im Hotelzimmer wähnte, hatte er sich so aus der Stoffbox befreit und lief auf den Gang, als ein Zimmermädchen die Tür öffnete. Er ist ein freundlicher Hund und begrüßte die Gäste und Bediensteten, die ihn schnell lieb gewannen.

Beim Autofahren ist eine stabile Box durch nichts zu ersetzen. Ein Hund saust genauso wie ein Kind bei jeder heftigen Bremsung durch die Windschutzscheibe, wenn er nicht angegurtet ist oder ein festes Gitter ihn zurückhält. Es gibt spezielle Gurt-Zwischenstücke, die man an einem Hundegeschirr und am normalen Sicherheitsgurt befestigen kann, und ich verwende solche, falls wir einmal mit einem fremden Auto mitfahren. Neueste Versuche der Stiftung Warentest haben aber gezeigt, dass diese Variante nicht sicher ist. Die Prüfer testeten unterschiedlichste Systeme mit einem Hundedummy, der einem mittelgroßen Hund ähnelt. Bei einem Crash bei fünfzig Stundenkilometern entsteht für solch einen Border Collie großen Hund eine Aufprallwucht von etwa einer Tonne. Das war für die meisten Geschirre zu viel – sie rissen, und die Hunde würden bei solch einem Vorfall wie Geschoße durch die Autos fliegen. Außerdem könnten die Geschirre bei den Hunden schwere Verletzungen hervorrufen, und zwar nicht nur bei Unfällen, sondern sogar bei ruckartigen Ausweichmanövern, so die Studienautoren. Viel praktischer und für den Hund angenehmer ist eine Box, in die er bequem hineinpasst, die aber nicht zu groß ist, denn sonst wird der Beschleunigungsweg bei einer Bremsung zu lange, bis er gegen das Gitter knallt. Man kann sie hinter die Vordersitze stellen oder in den Kofferraum, je nachdem, ob man mehr Gepäck oder Personen transportiert. Allerdings sollte man in eine stabile Box mit dicken Alu- oder Stahlstäben investieren. Diese sind zwar am teuersten, schützen Menschen und Hunde im Auto aber am besten. Drahtgitterkäfige verbogen sich im Test und die scharfkantigen Drähte standen hervor. Daran kann sich der Hund verletzen.

Nur ein Trenngitter hinter den Rücksitzen zu montieren und den Hund in den Kofferraum zu setzen, ist aus zwei Gründen problematisch: Erstens kann man seine Pfoten oder die Rute leicht einzwicken, wenn man den Kofferraumdeckel schließt. Letzteres ist einer Freundin mit ihrem Hund passiert, obwohl sie ihm eigentlich recht gut beigebracht hat, dass er sie nach dem Einsteigen anschauen und damit die Rute wegdrehen muss. Einer Arbeitskollegin wiederum geschah Folgendes: Ein überholender Raser drängte sie von der Bundesstraße, und ihr Kleinwagen überschlug sich. Der Kofferraumdeckel sprang auf. Zum Glück kam sie sofort unverletzt aus dem Auto heraus, sah aber ihre komplett verschreckten Windhundemädels davonstürmen. Sie rief und pfiff, und die ältere von den beiden kam tatsächlich zurück, die jüngere irrte aber panisch weiter. Es wurde Nacht, und die Hündin blieb verschollen. Am nächsten Tag tauchte sie erfreulicherweise unverletzt auf, aber bis dahin litt meine Kollegin schreckliche Angst um sie. Es passiert auch immer wieder, dass Kofferraumtüren bei Auffahrunfällen aufspringen. Wenn dies zum Beispiel auf einer Autobahn geschieht und die Hunde herausfallen oder -hüpfen, ist das für sie und die nachfolgenden Autofahrer enorm gefährlich. Tabu sind natürlich offene Fenster, wo die Hunde ihre Köpfe rausstrecken können, auch wenn man das leider immer wieder mit ansehen muss.

EINSAME WÖLFE

Viele Hunde haben ein Problem, allein zu sein. Ihre Vorfahren, die Wölfe, waren Rudeltiere, wo kaum einmal jemand in der Höhle zurückgelassen wurde. Wölfe und Wolfshunde haben auch heute noch, wenn man sie als Haustiere hält, meist große Panik vor dem Alleinsein und lernen es bei Weitem nicht so schnell und gut wie ihre domestizierten Verwandten. Dass

Hunde dies in der Regel nach ein bisschen Übung akzeptieren und damit umgehen können, ist also wohl ein Teil der Veränderungen bei ihrer »Haustierwerdung« gewesen.

Wichtig ist, dass sie sich schrittweise daran gewöhnen und niemals der Funke von Angst vor dem Alleinsein entsteht. Es reicht zunächst, wenn man aus dem Zimmer geht, die Tür offen lässt, bis drei zählt und dann ohne großes Aufheben zurückkommt. Beim nächsten Mal kann man die Tür bis auf einen Spalt zumachen, dann irgendwann schließen und die Zeiten immer länger werden lassen. Irgendwann geht man den Müll hinaustragen, in den Keller oder holt die tägliche Reklamedosis aus dem Briefkasten, während der Hund entspannt wartet und sich vielleicht schon gar nicht mehr darum kümmert. Wichtig ist, dass man so tut, als ob wegzugehen und den Hund alleinzulassen das Normalste auf der Welt ist. Das ist es freilich auch, aber Köter weiß dies ja noch nicht. Man sollte ihn nicht aufgeregt loben, und es braucht auch kein Leckerli, wenn man zurückkommt. Damit erreicht man allenfalls, dass der Hund darauf wartet und sich nicht entspannt.

LEINENAGGRESSION

An der Leine werden oft ansonsten durchwegs nette Hunde zu Rüpeln. Kommt ein Mensch oder – noch schlimmer – ein Hund entgegen, bellen und knurren sie ihn an und zerren an der Leine, dass sie kaum noch zu halten sind. Manche Hunde reagieren besonders gereizt auf Radfahrer. Auslöser ist in den seltensten Fällen ein besonders aggressives Wesen des Hundes, so Verhaltensexperten. Die Hunde wollen also nicht alles und jeden fressen, der ihnen entgegenkommt, sondern handeln teils aus Frust, teils aus Angst so seltsam. Als Welpen sind sie gewohnt, zu Hunden und Menschen frei hinlaufen zu dürfen, denn man will ja schließlich einen sozial verträglichen, freundlichen Hund, der sich mit Mensch und Tier gut versteht. Irgendwann sind sie dann aber zu groß und zu schnell, um sie einzufangen, man will mit ihnen auch bei Straßenverkehr sicher unterwegs sein, und sie sollen nicht zu allen Menschen hinlaufen. Das heißt, irgendwann müssen sie an die Leine. Es kommt jemand entgegen, der Hund will ihn beschnuppern und begrüßen, aber ein Band um den Hals oder Brustgeschirr schnürt ihn ein und hindert ihn daran. Der Hund oder die Person gehen vorbei und er hat eine Frusterfahrung gemacht.

Außerdem kann sich ein Hund an der Leine bei Begegnungen nicht so natürlich verhalten, wie wenn er frei wäre. Er kann nicht einfach stehen bleiben und den anderen vorsichtig taxieren, ohne dass ihn sein Herrchen oder Frauchen weiterschleift. Er kann keinen höflichen Bogen um den anderen herum oder überhaupt eines anderes Weges gehen. Er kann nicht ausweichen, wenn er sich bedroht fühlt. Er ist abhängig von den Entscheidungen des Besitzers.

Vor allem kleine und unsichere Hunde haben teils schlichtweg Angst vor anderen Hunden und Menschen, die ihnen entgegenkommen. Weil sie ihnen nicht weiträumig aus dem Weg gehen können, bleibt ihnen nichts anderes übrig als die Flucht nach vorne: Sie drohen, wüten und zeigen dem anderen, dass sie kein hilfloses Opfer vor sich haben. Oft fördern die Menschen am anderen Ende der Leine dieses Verhalten noch zusätzlich: Indem sie mit dem Hund wegen dieses Verhaltens schimpfen, steigern sie seinen Stress, und oft fühlt er sich in seiner Angst bestätigt. Immerhin droht und wütet der Mensch ja auch, also muss die Situation prekär sein!

Bei manchen Hunden ist es genau umgekehrt. Sie wären ohne Leine kleine Hosenschisser, aber wenn Herrchen oder Frauchen hinter ihnen ist und sie beschützt, geben sie einfach mächtig an.

Wenn man schon einen Leinenbeller hat, hilft auf jeden Fall souveräne Ruhe und es ist gut, zumindest ansatzweise einen kleinen Bogen um Hund, Fußgänger, Radfahrer oder das sonstige Ziel der Leinenaggression zu gehen. In einer kontrollierten Situation, also mit Freunden und bekannten Hunden, kann man solche Situationen üben. Zuerst geht man so weit voneinander entfernt vorbei, dass der Hund noch keinen Stress hat und nicht bellt, knurrt oder zerrt. Hat er das brav gemacht, gibt es eine Belohnung. Eventuell kann man eine lange Wurst, ein Stück Käse oder noch besser eine Streichwursttube nehmen und den Hund daran schleckend oder kauend quasi wie einen Esel mit der Karotte vor der Nase um den anderen herumführen. Schrittweise verkürzt man die seitliche Distanz zu den Entgegenkommenden, und immer gibt es für »brav sein« eine Belohnung.

Besser ist es freilich, von vornherein das Leinengehen positiv aufzubauen. Viele Hunde gehen gerne an der Leine, weil es für sie einen interessanten Spaziergang und ein Abenteuer bedeutet. Schon das Halsband kann man positiv besetzen: Man nimmt ein Leckerli in die Hand und hält das Band so hin, dass der Hund von sich aus durchschlupft, wenn er nach der Belohnung schnappt. Übt man das ein paar Mal, braucht man ihm das Halsband nur hinzuhalten, und er wird den Kopf hindurchstecken. Auch das Leinengehen kann man mit positiver Bestätigung üben, indem man den Hund jedes Mal belohnt, wenn er an der locker durchhängenden Leine neben einem her spaziert.

HUNDEBEGEGNUNGEN AN DER LEINE SIND DAS GEGENTEIL VON GUT

Ich ging mit Kleo wie immer angeleint spätabends die letzte kleine Runde des Tages im Ort spazieren, als mir ein Mann mit einem Eurasier-Rüden an einer langen Flexi-Leine entgegenkam.

Genauer gesagt zog der Hund sein Herrchen an der Leine zu uns her. Ich kenne die beiden und ließ es geschehen, obwohl ich es eigentlich besser wusste. Die Hunde beschnüffelten einander kurz freudig an der Schnauze, dann wollte jeder beim anderen zwischen den Beinen riechen. Kleo wurde stürmisch, dem anderen wurde es zu doll, und er wollte sich abwenden und einen Schritt zurückziehen. Durch das Hin und Her waren die Leinen aber verheddert, obwohl ich meine kurze Leine schon mehrmals über und unter der Flexi-Leine zurückgewickelt hatte und mit meinem Ende in der Hand um die beiden Hunde herumgelaufen war. Der Mann wiederum war mit seinen Beinen in seiner eigenen Flexi-Leine gefangen. Die Hunde blieben aber beide friedlich und freundlich, und wir konnten das Gewirr auflösen.

Solch eine Situation ist nicht nur mühsam, sondern auch bald einmal gefährlich. Wenn einer der beiden Hunde ängstlich oder aggressiv ist, eskaliert sie rasch. Die Hunde können an der Leine keine normalen Ausweichmanöver veranstalten und sind rasch »aneinandergebunden«. Da ist es eigentlich nur eine Frage der Zeit, bis einer die Geduld verliert und panisch wird, aufjault oder nach dem anderen schnappt. Wenn die Leine sich zum Beispiel um ein Bein schlingt und jemand daran zieht, tut das dem Hund weh. Er hat Schmerzen oder wird sogar verletzt. Dabei entsteht leicht eine Fehlverknüpfung, denn nur in den seltensten Fällen wird der Hund in der Hektik zuordnen können: »Ach, das war nur die blöde Leine«, sondern in Erinnerung behalten, dass die Begegnung mit dem anderen Hund schmerzhaft war. Wenn er dann aus seiner Sicht entsprechend reagiert und knurrt oder abschnappt, ist das wiederum für den anderen Hund nicht nachvollziehbar.

Leinenbegegnungen sind also doof. Wenn man die Hunde nicht frei aufeinander zugehen lassen kann, damit sie ihre Begrüßungsrituale durchführen können und beide Hunde jederzeit ausweichen, eindeutige Beschwichtigungssignale senden und im Notfall beim Besitzer Zuflucht suchen können, sollte man direkte Begegnungen vermeiden. Die Verletzungsgefahr bei Leinenbegegnungen ist groß, und es besteht die Gefahr, dass der Hund durch die Begegnung durch die negative soziale Erfahrung »asozialisiert« wird.

Ein absolutes »Tu's-Nicht« sollte es auch sein, einen frei laufenden Hund zu einem angeleinten hin stürmen zu lassen. Es gibt viele Gründe, warum ein Hund an der Leine geht. Vielleicht ist er ängstlich, vielleicht wegen einer Vorgeschichte anderen Hunden gegenüber aggressiv. Vielleicht ist die Hündin läufig oder hat wegen Gelenkproblemen Schmerzen. Vielleicht hat sie übermäßigen Stress bei Hundebegegnungen, was der Besitzer vermeiden will. Vielleicht versucht er bei teuren Verhaltenstrainern verzweifelt, seinem stürmischen Hund beizubringen, gesittet an Mensch und Hund vorbeizugehen, und solch eine unkontrollierte Begegnung würde das Team um die Früchte wochenlanger Arbeit bringen.

Freundliches Bitten hilft bei vielen Hundebesitzern leider nicht viel, dazu sind sie zu wenig verständig und zu schlecht sozialisiert. Sich böse zu geben hilft manchmal, wird aber häufig ignoriert nach dem Motto »Ich weiß nicht, was Sie haben, schauen Sie, wie freundlich Ihr Hund ist und wie viel Spaß er hätte«. Für solch ignorante Hundebesitzer habe ich einen Trumpf in der Tasche: »Sorry, meine Hündin ist läufig« wirkt immer. Funktioniert bei Leuten mit Rüden genauso wie bei solchen mit Hündinnen. Wahrscheinlich glauben sie, dass Läufigkeit ansteckend ist oder läufige Hündinnen aus Konkurrenzgründen aggressiv sind. Wenn man einen Rüden hat, wird dieser Schmäh allerdings kaum ziehen. Dann würde ich vorgeschobene Läuse, Flöhe oder ansteckende Krankheiten empfehlen.

SPIELEN

Spielen Sie mit Ihrem Hund. Es macht ihm Spaß, es stärkt sein Selbstvertrauen, es stärkt seine Bindung zu Ihnen, verbessert Trainingserfolge, und es macht hoffentlich auch Ihnen Spaß. Studien über soziale Interaktionen bei verschiedensten Lebewesen haben gezeigt, dass Spielen Beziehungen verbessert. Ganz besonders gilt dies wahrscheinlich für »Neoten« wie Menschen und Hunde. Neoten sind eigentlich Organismen, die nach der Geschlechtsreife Larvenmerkmale beibehalten. Die Wissenschafter verwenden diesen Begriff aber auch bei Säugetieren (bei denen es ja bekanntlich keine Larven gibt), wenn sie sich jugendliche Eigenschaften auch als Erwachsene bewahren. Das können körperliche Merkmale wie zum Beispiel Schlappohren bei manchen Hunderassen sein, aber auch Verhaltensweisen wie das verspielte Wesen von Hunden und ihren besten zweibeinigen Freunden, die ihnen ein Leben lang erhalten bleiben.

Bei Menschen wurde zum Beispiel gezeigt, dass jene Eltern die besten Beziehungen zu ihren Kindern haben, die am meisten mit ihnen spielen. Auch bei Hunden ist eine verstärkte Bindung zum Menschen hin durch Spielen belegt. Der US-Forscher Bradshaw ließ eine Gruppe Besitzer vor dem Training mit ihren Hunden herumtollen, eine andere Gruppe musste sofort ernst zu trainieren beginnen. Die Hunde, die spielen durften, hatten größere Trainingsfortschritte, weil sie viel aufmerksamer aufpassten, was ihre Besitzer von ihnen wollten, berichtete er: Sie hatten eine erhöhte »folgsame Achtsamkeit«. In einer anderen Studie bewies er, dass Spielen das Wohlgefühl der Hunde steigert. Wenn sie zusätzlich gewohnt sind, mit anderen Personen als ihren Besitzern zu spielen, hilft dies den Hunden außerdem, fremden Personen zu vertrauen. Vor allem körperlicher Kontakt mit dem Hund während des Spiels verringert die Ängstlichkeit, so Bradshaw. Freilich darf man ihn damit nicht überfordern: Fühlt er sich bedrängt, ist das kein Spaß mehr für ihn, sondern unangenehm. Woran es liegt, dass Spielen so positiv für die Beziehung und das Wohlfühlen ist, haben die Wissenschafter noch nicht geklärt. Es könnte am Abbau von Stresshormonen durch die Bewegung und den Spaß liegen und am Ausschütten von Glückshormonen. Hunde sind nicht zuletzt ausgelasteter und ausgeglichener, wenn man regelmäßig mit ihnen spielt. Das kann im Garten oder in der Natur genauso wie in der Wohnung sein. Das Spielen sollte sich für den Hund auf keinen Fall wie Unterricht anfühlen, so die Verhaltensexpertin Patricia McConnell. Trotzdem müssen dabei freilich die im Alltag geltenden Verhaltensregeln eingehalten werden, also wildes Rempeln und Kratzen sind hier genauso tabu wie sonst, und die Zähne sind vorsichtig zu gebrauchen. Wichtig ist auch, dass man ehrlich mit dem Hund spielt und ihn nicht dabei sekkiert. Viele Probleme, wegen denen Besitzer zu den Verhaltensexperten und -trainern kommen, sind dadurch entstanden, dass irgendjemand den Hund fortwährend gehänselt hat. Hunde sind hochsozial und nicht so dumm, ein solches Verhalten nicht zu erkennen, und sie leiden darunter. Im Lauf von Zehntausenden Jahren Partnerschaft mit den Menschen haben sie sehr gut gelernt, deren Mimik, Gestik und Stimmungen zu deuten und kooperatives Spiel von Hänseleien zu unterscheiden. Manche Leute finden es besonders witzig, wenn sie so tun, als ob sie das Spielzeug werfen, und der Hund läuft ins Leere und guckt verwundert, wo es denn geblieben ist. Sie amüsieren sich auf Kosten des Hundes oder führen ihn sogar vor anderen Leuten vor. Diese Menschen vergessen, dass das Spiel nicht nur ihnen Spaß machen soll, sondern auch dem Hund. Verhaltensstörungen durch ständiges Necken sind meist sehr dauerhaft und schwer in den Griff zu bekommen, berichten Experten. Man sollte das Thema Spielen also durchaus ernst nehmen, und aufrichtig betreiben.

Die Forscher haben auch untersucht, wie man Hunde am besten zum Spielen bringt: Dazu gibt es ganz spezielle Signale. Untereinander zeigen Hunde Lust auf Herumtollen durch eine »Spielverbeugung« an. Sie senken die Vorderhand und ducken den Kopf, während sie die Hinterhand und das Hinterteil hochstellen. In der Regel schwingt dabei die Rute wild, und manchmal bellen sie auch. Dieses Verhalten ist bei den verschiedensten Hunden und Rassen konstant und weit verbreitet. Meist verstehen sie es auch, wenn Menschen diese Körpersprache nachahmen, also sich nach vorne ducken und den Kopf nach unten beugen. Meist muss man dafür nicht einmal auf alle Viere gehen, sondern es reicht eine Verbeugung vor seinem besten Freund. Bellen ist jedoch kontraproduktiv, fanden die Forscher heraus. Rute zum Wedeln haben wir freilich keine, sondern nur ein mickriges Steißbein. Ob mit erhobenem Hintern zu wackeln das Spielverhalten der Hunde unterstützt, wurde noch nicht untersucht. Es wäre aber wohl spannend und vor allem amüsant, einer Studie, die solches herausfinden will, als Beobachter beizuwohnen. Was nicht gut funktioniert, aber von vielen Hundefreunden als Spielaufforderung versucht wird, ist laut den Wissenschaftern: Sie küssen, sie hochheben, auf den Boden klopfen und sie anzuwispern. Auch Schwanzziehen wird gerne praktiziert, ist aber als Spielaufforderung ungeeignet und zeugt von Unverständnis, was Hunde mögen und was nicht. Neben einer neckischen Verbeugung sind geeignete Spieleröffnungen laut den Forschern: Vor ihnen wegrennen, auf sie zulaufen oder schnelle Start-Stopp-Bewegungen machen. Dem Hund ein Spielzeug deutlich zu zeigen und damit zu wackeln, oder es von ihm wegzuwerfen, damit er nachjagen kann, kommt auch immer gut an. Akustische Signale wie freudiges Rufen, Quietschen und Jaulen unterstützen die körpersprachlichen Zeichen. McConnell ermutigt auch, hündisches Grinsen nachzuahmen: Mit offenem Mund feixen, die Augen weit öffnen und die Gesichtsmuskeln entspannen. Viel Spaß beim Üben vor dem Spiegel!

Gute Spiele sind: Sich von dem Hund fangen lassen (das Gegenteil ist kontraproduktiv, er lernt dabei nämlich, dass Menschen keine Chance haben, ihn zu erwischen, wenn er davonläuft), sich von ihm suchen lassen, Gegenstände wie etwa Stofftiere oder Gitterbälle werfen. Tennisbälle sind sehr beliebt, haben aber raue Glasfiberfasern an der Oberfläche, die den Hunden mit der Zeit die Zähne abschmirgeln. Profis können ihren Vierbeinern beibringen, Frisbees zu fangen. Man kann dem Hund auch Tricks beibringen, wie etwa durch einen Reifen zu springen, ein Taschentuch aus der Packung zu ziehen, wenn man niest, die Pfote zu geben und Ähnliches. Dabei sollte man aber immer den Spaß im Auge behalten und nie so ernst sein wie im richtigen Training. Ein tolles Spiel von Patricia McConnell ist »verrückter Besitzer«. Man geht vollkommen unvorhersehbar rechts, links, vor oder zurück und der Hund soll neben einem folgen, wie beim Fuß-Gehen. Wenn man das mit viel Spaß macht, ist es für den Hund eine Riesengaudi, und nebenher wird er dann auch das wirkliche Bei-Fuß-Gehen aufmerksamer und freudiger machen.

Was man offiziell eröffnet hat, sollte man auch eindeutig beenden. Das gilt freilich auch fürs Spielen. Am besten, bevor der Hund genug davon hat oder überdreht. Am einfachsten und zielführendsten ist dies wieder über Körpersprache, und zwar so, dass jede Faser des Körpers zeigt: So das war ja jetzt nett, aber ich will nicht mehr. Man seufzt, dreht sich zur Seite, geht vielleicht auch ein Stück weg und widmet sich irgendetwas anderem. Eventuelle Spielaufforderungen des Hundes ignoriert man ruhig und konsequent.

ZERREN IST VERPÖNT – TUN SIE ES

Keine Zerrspiele, sagte die Züchterin, nickte bedeutungsschwer mit dem Kopf, und wir alle senkten ihn für ein paar Augenblicke, wie um all den Hund-Menschpaarungen zu gedenken, die an dieser verpönten Art des Spiels zerbrochen sind. Keine Zerrspiele, hieß es wenig später in der Hundeschule. Zerrspiele, wissen wir, gibt es damit freilich nicht, sagten wir pflichtbewusst, als wir uns ein wenig später nicht nur mit den wichtigsten Accessoires wie Hundedecken, -betten, -boxen, Trink- und Essnäpfen, sondern auch mit passendem Spielzeug eindeckten, kurz bevor wir Kleo zu uns nach Hause nehmen durften.

Heute zerren wir mit ihr, was das Zeug hält.

Wenn man weiß, wie man es tut, und vor allem, wie man aufhört, sind Zerrspiele mit Hunden großartig, machen Mensch und Tier riesigen Spaß und man kann mit ihnen üben, trotz wildem Spiel beherrscht und vorsichtig gegenüber Zweibeinern zu sein. Sie sind außerdem eine tolle Möglichkeit, den Hund so richtig Dampf ablassen zu lassen.

Man braucht dem Hund dafür nichts Neues beizubringen. Die Verhaltenskette: Nach dem Gegenstand schnappen, den man vor seiner Schnauze schwenkt, ihn fest packen, ziehen, noch fester ziehen, mit dem Kopf oder sogar dem ganzen Körper ruckartig daran reißen, mit allen Vieren abspreizen und so die Vorteile maximal ausnützen, die man gegenüber den instabilen Zweibeinern hat – dies können alle Hunde von Geburt an. Es kann nur sein, dass jemand es ihnen mit übertriebenem Dominanzgehabe aberzogen und verleidet hat. Besonders unterwürfige Hunde haben manchmal eine Scheu, Gegenstände ins Maul zu nehmen und festzuhalten oder sogar daran zu ziehen, die ihr dominanter Alpha-Zweibeiner in der Hand hält. Mit solchen Hunden sollte man vorsichtig und behutsam zerren und sie am Anfang schnell gewinnen lassen, damit sie Selbstvertrauen bekommen. Auf der anderen Seite muss man bei sehr triebstarken Gebrauchs- und Jagdhunden aufpassen, dass man nicht übertreibt und sie überdreht.

Früher glaubte man – und die Dominanz-Fetischisten halten diesen Aberglauben sogar für eine ihrer modernen Entdeckungen –, dass man die Hunde damit unbeherrscht, dominant und den Menschen gegenüber gefährlich macht. Dass die Hunde dabei lernen, ihre Zähne in Gegenwart von Menschen mit voller Kraft einzusetzen, dass sie einen »Siegereffekt« und damit Dominanz erleben, wenn man sie beim Zerren gewinnen lässt, und dass sie sich so sehr in Aufregung stürzen, dass die halbe Domestikation wieder rückgängig gemacht wird. Die Dominanzfraktion lässt Zerrspiele nur zu, wenn man den Hund nie gewinnen lässt und er damit lernt, stets als Unterlegener aus einer »Konfrontation« mit dem Menschen hervorzugehen. Im Umkehrschluss würde er sich, wenn er dem Menschen das Tau aus den Händen entwinden kann, als im sozialen Status über ihm stehend betrachten und sich somit ermächtigt und sogar gezwungen fühlen, die dominante Rolle im Haushalt auszufüllen.

Forscher haben diese mit Enthusiasmus vorgebrachte Doktrin mit soliden Forschungsergebnissen als Pseudowissen enttarnt. Wieder einmal war es Bradshaw mit Kollegen, der zeigte, dass es keinerlei Einfluss auf den relativen Status eines Mensch-Hunde-Paares hat, wer am Ende das Spielzeug in der Hand oder im Maul hält. Hunde wissen offensichtlich sehr genau Jux und Tollerei vom Ressourcenwettstreit zu unterscheiden. Die Forscher entdeckten aber auch, dass manche Hunde übertreiben, wenn sie ständig gewinnen, nicht mehr mit dem Spielen aufhören wollen und sehr quengelig danach sind. Solche Vierbeiner sollte man nicht immer mit dem Knotenseil oder anderen Zerrgegenständen davonstolzieren lassen, sondern es ihnen ruhig wegnehmen, es wegräumen und das Spiel somit eindeutig zu beenden, raten sie.

Wichtig bei Zerrspielen ist auch, dass man den Hund dabei nicht verletzt. Ruckartiges Ziehen sollte man den Vierbeinern überlassen, immerhin befindet sich unmittelbar hinter dem Zerrgegenstand und seinem Maul die empfindliche Halswirbelsäule. Wenn der Hund selbst zieht, schüttelt und ruckt, sind die Muskeln angespannt, die seinen Kopf bewegen oder fixieren, und er kann sich kaum wehtun. Wenn man selber vor allem seitlich oder in seine Richtung ruckt, kann man sie verletzen. Am besten zieht man nur zu sich hin, also in direkter Linie von seiner Wirbelsäule weg. Man kann nach unten Richtung Boden zerren, aber bitte keinesfalls nach hinten-oben, denn dies könnte böse Verletzungen im Hals- und Genickbereich verursachen.

Zum Zerren eignen sich am besten spezielle Gummiringe, dicke Baumwollseile mit Knoten oder spezielle »Beißwürste«, das sind längliche Jute-, Leder- oder Stoffkissen in verschiedenen Größen, die hund sehr gut ins Maul nehmen und festhalten kann. Freilich kann man auch mit Stofftieren zerren, allerdings halten diese das selten lange aus.

ALLTAGSTRAINING FÜR MENSCHEN

WISSEN IST MACHT! MENSCHENSCHULE UND FÜHRSCHEIN

Nachdem der Mensch Zehntausende Jahre mit Hunden zusammengelebt hat, in denen er ihnen wohl mehr verdankt, als er denkt, hat er in sehr kurzer Zeit effektiv verlernt, mit ihnen umzugehen, ihre Sprache und Ausdrucksweise zu verstehen und sie als Mit-Lebewesen auf dem blauen Planeten zu akzeptieren. Dies könnte man aber leicht und rasch ändern. Kinder sollten schon im Kindergarten und in der Schule lernen, wie man sich bei Hunden benimmt, was sie mögen, was sie unangenehm finden und wovor sie sich fürchten. Eine frühere Kollegin ist mit ihrem Whippet öfter in der Mittagspause im Park spazieren gegangen, wo auch Kindergartengruppen unterwegs waren. Es war für sie nervenaufreibend, den Hund vor den Kindern zu schützen, die von allen Seiten auf ihn losstürmten, ihn streicheln, festhalten und kuscheln wollten. Auch den meisten Erwachsenen würde ein bisschen mehr Wissen und ein bisschen weniger unqualifizierte Meinung über die Vierbeiner nicht schaden, wie man in den sozialen Medien genauso wie im Alltag sieht.

Vor allem aber sollte man Hundebesitzer schulen, und zwar am besten, bevor sie sich einen Hund zulegen. Dann wüssten sie mehr über die Vorzüge und Eigenheiten bestimmter Rassen, und vor allem, welche Verantwortung sie für so ein Haustier mit der Anschaffung übernehmen. Dies würde wohl einige Menschen vor unüberlegten Entscheidungen bewahren und viele Hunde vor dem Tierheim. Egal ob man einen Chihuahua, Malteser, Retriever, Collie, Rottweiler oder Staffordshire Terrier haben will, sollte man verpflichtend einen Kurs und eine »Hundeführschein«-Prüfung ablegen müssen. Man darf ja auch nicht mit einem Auto durch die Gegend kurven, ohne nachweisen zu können, dass man weiß, wie das geht.

MAULKORB UND LEINE

Kauft man einen Hund bei einem seriösen Züchter, wird er in der Regel »inklusive Leine ausgeliefert«. Das macht absolut Sinn, denn die Leine ist ein unverzichtbares Utensil für Hundebesitzer, die nicht fernab von anderen Menschen und Tieren in der Einöde wohnen. Auch die indigene Bevölkerung Nordamerikas hängte ihre Hunde bei Bedarf an Lederbänder und -leinen, obwohl sie wohl kaum so sensibilisiert auf Hundebisse, das Anspringen und Jagdverhalten der Vierbeiner war, wie heutige Menschen in einer Industriegesellschaft. Ohne Leine kann man den Hund nicht sicher durch den Straßenverkehr führen, denn selbst der bravste, ruhigste und gehorsamste Hund kann unvermittelt vor ein Auto springen, wenn er einer Maus oder einem Marder nachläuft. Wenn er eine läufige Hündin riecht, ist zum Beispiel kaum ein Rüde davon abzuhalten, ihr nachzustellen. Ein Hormonschub macht hier jegliche Erziehung zunichte. Menschen, die sich vor Hunden fürchten, können sie sicher und beruhigt außerhalb der Leinenreichweite passieren. Im Wald verhindert eine lange Leine, dass der Hund jagen geht. Jedes Menschen-Hunde-Paar sollte daher lernen, entspannt an der lockeren Leine durch die Städte, Dörfer, Fluren und Wälder zu spazieren.

Auch Maulkörbe haben ihre Berechtigung. Wo so viele Menschen und Hunde auf engerem Raum unterwegs sind, dass man den Hund nicht davon abhalten kann, zu den Leuten hinzuschnüffeln, hinzuschlecken und vielleicht sogar hinzuschnappen, sollte er solch ein Gerät um die Schnauze gebunden haben. Der Maulkorb muss groß genug sein, sodass der Hund gut hecheln und uneingeschränkt trinken kann. Maulschlingen, wie ich sie zum Beispiel an einem sehr heißen Sommertag bei einem Mittelalterfest in Niederösterreich angeboten bekam, damit der Hund »in die Menschenmenge« mitdarf, sind absolut ungeeignet und laut Tierschutzgesetz verboten. Der Hund würde bei solch einem Wetter bald einen Hitzeschock erleiden. In solche Menschenmengen sollte man einen Hund sowieso nicht mitnehmen – er hat nichts davon, außer Stress. Viel zu viele Leute unterschreiten seine Individualdistanz, übersehen und rempeln ihn, steigen ihm vielleicht auf die Pfoten und bedrängen ihn, ohne dass er Platz zum Ausweichen hat. Auch wir Menschen würden verärgert reagieren, wenn uns jemand auf die Zehen steigt oder stößt. Wenn ein Hund in so einer Situation also knurrt oder abschnappt, ist das kein Zeichen von aggressivem Wesen, sondern den Umständen geschuldet. Auch in öffentlichen Verkehrsmitteln finde ich eine Maulkorbpflicht angebracht, allerdings bin ich auch der Meinung, dass der Schaffner sie nicht streng einfordern muss, wenn man mit dem Hund allein im Abteil ist.

Was Experten aber kontraproduktiv finden, sind Spezialregeln bezüglich Leine und Maulkorb für einzelne Hunderassen. Wo eine Maulkorbpflicht Sinn macht, macht sie für alle Hunde Sinn. Wo eine Leinenpflicht Sinn macht, macht sie für alle Hunde Sinn. In Wien und Niederösterreich, wo derzeit striktere Regeln umgesetzt beziehungsweise diskutiert werden, sprechen Politiker immer wieder von Ausnahmen bei kleinen Hunden wie Dackeln und begründen dies mit dem gesunden Hausverstand, weil diese aufgrund ihrer unbedeutenden Körpergröße viel weniger gefährlich seien. Doch wissenschaftliche Studien haben gezeigt, dass gerade Dackel, Chihuahuas und Konsorten besonders oft aggressiv sind und zubeißen. Den nicht lange zurückliegenden Vorfall mit dem Dackel und Kleinkind, bei dem Letzteres lebensgefährliche Verletzungen erlitt und in künstlichen Tiefschlaf versetzt wurde, ignorieren solche Volksvertreter aus unerfindlichen Gründen. Sie sollten dafür sorgen, dass vor dem Gesetz alle Hunde gleich sind, und uns nicht willkürliche, Expertenwissen ignorierende, populistische und kontraproduktive Verordnungen aufs Auge drücken.

Für Hunde, die eine Vorgeschichte haben, also schon einmal eine Konfliktsituation mit Zubeißen »gelöst« haben, kann ein in bestimmten Situationen getragener Maulkorb eine gute Chance sein, »auf Bewährung« unter die Leute und Hunde zu dürfen, meint Hentrup: »Dann kann er diese Strategie ›zuschnappen‹ nicht mehr fahren und muss sich eine andere suchen.« Wichtig ist natürlich, dass man solch einem Hund per Verhaltenstraining friedliche Alternativen zeigt und ihm nicht nur einen Maulkorb verpasst.

Eine generelle Leinen- und Maulkorbpflicht, egal ob nur für »Listenhunde« oder alle Hunderassen, in der Öffentlichkeit ist laut Experten unangebracht. Leinen und Maulkörbe schränken die Kommunikationsfähigkeiten der Hunde stark ein. Hunde verständigen sich untereinander und mit dem Menschen vor allem durch Mimik und Körpersprache. Sie müssen als Welpen lernen, das Ausdrucksverhalten von anderen Hunden zu interpretieren. Viele heutige Hunderassen sind durch die Züchtung ohnehin schon stark in ihrer Ausdrucksweise eingeschränkt, zum Beispiel Bobtails, deren Fellzotteln das gesamte Gesicht bedecken, Möpse, die ihr Gegenüber scheinbar immer mit aufgerissenen Augen anstarren und durch ihre viel zu kurze Schnauze dermaßen schnaufen, dass es für andere Hunde wie aufgeregtes Knurren klingt, und

Windhunde, deren Rute immer zwischen den Beinen hängt, als ob sie Angst hätten. Wenn die Hunde einen Maulkorb tragen, ist ihre Möglichkeit, sich mit Mimik zu verständigen, stark eingeschränkt. Sie können damit keine Apportierspiele machen oder mit anderen Hunden zum Beispiel aus Jux um ein Seil kämpfen. Solche Dinge sind für ihre gesunde Sozialentwicklung aber ungemein wichtig, weil sie lernen, mit Artgenossen und Menschen umzugehen und zu kommunizieren, um Konflikte auf friedliche Art zu bewältigen. Hunde, denen solche Erfahrungen verwehrt bleiben, haben Studien zufolge häufiger Verhaltensstörungen und reagieren teils unangemessen aggressiv.

Ein Allheilmittel sind Leine und Maulkorb sowieso nicht. Wie Studien zeigten, passieren zwei Drittel der Unfälle mit Hunden im privaten Bereich, wo kein Hund an der Leine ist und nur solche mit schlimmer Vorgeschichte einen Maulkorb tragen. Solche Unfälle würden laut Experten bei übermäßig rigiden Gesetzen öfter passieren, weil den Hunden vermehrt Verhaltensstörungen untergejubelt werden, und Zwei- wie Vierbeiner verlernen, wie sie konstruktiv miteinander umgehen.

RASSELISTEN, VERBOTE

Es gibt keinen einzigen Experten und keine Expertin, die sich für Kampfhundelisten und Verbote von einzelnen Hunderassen aussprechen. Es gibt nämlich keinerlei Evidenz, dass dies die Anzahl der Beißvorfälle senken würde. In keinem der Länder und keiner der Städte, wo solche rassistischen Listen und Gesetze verabschiedet wurden, ist die Zahl der Bissverletzungen gesunken. Dies zeigt, dass diese Gesetze nur populistische Schnellschüsse sind, um die bürgerlichen Wähler gelinde zu stimmen und gleichzeitig »die Proleten mit ihren Kampfhunden« zu schikanieren. Eine Studie aus Dänemark hat bewiesen, dass diese rassistische Vorgangsweise vollkommen nutzlos ist. Dort wurde 2010 eines der härtesten und empathielosesten Hundegesetze verabschiedet, wo sogar Hunde ihren Besitzern weggenommen und getötet wurden, weil sie der falschen Rasse angehörten oder auch nur Mischlinge mit einem Anteil der falschen Rasse waren. Dies zeigt, dass Hunde nicht mehr oder weniger beißen, wenn sie einer bestimmten Rasse angehören. Hunde sind genauso wie Menschen unabhängig von ihrer ethnischen Herkunft Individuen mit ganz persönlichen Stärken und Schwächen, so Irene Sommerfeld-Stur. Ihre Liebenswürdigkeit oder Gefährlichkeit sind individuelle Merkmale und nicht nur auf ihre Gene, sondern auch auf ihr soziales Umfeld und die soziale Herkunft zurückzuführen. Diese Bereiche liegen ganz unter der Kontrolle des »weisen Menschen« *Homo sapiens.* Gibt es Probleme mit den Vierbeinern, haben sie also ihre Ursache in der Regel am oberen Ende der Leine.

NACHWORT

Waris ist tot. Die Ärzte eines der modernsten Spitäler Österreichs kämpften 17 Tage lang um das Überleben des 17 Monate jungen Kindes, doch während einer Notoperation hörte sein Herz schließlich zu schlagen auf. »Wir haben den Menschen verloren, der alles für uns war«, sagten seine Eltern. Er wird in den nächsten Jahren nicht lachend die Kerzen auf Christbäumen und Geburtstagstorten ausblasen, sondern zu diesen Anlässen werden seine Angehörigen Erinnerungskerzen niederbrennen lassen.

Auch Joey ist tot. Sofort nach dem Beißvorfall nahm man ihn seiner Besitzerin ab und brachte ihn ins Wiener Tierquartier, »einem der modernsten Tierschutz-Kompetenz-Zentren Europas«, wie auf dessen Internetseite zu lesen ist. Er wurde dort kurz verwahrt und, weil niemand die Verantwortung für ihn übernehmen wollte, schließlich euthanasiert. Seine Besitzerin hat ihren Job verloren, ist aus der Gegend, wo der Unfall passierte, fortgezogen und muss dem aktuellen Gerichtsurteil nach für ein halbes Jahr ins Gefängnis.

Die Verantwortlichen in der Hauptstadt setzen darauf, solche Vorfälle mit einer »Recht und Ordnung«-Politik in Zukunft zu verhindern, oder wollen damit zumindest die Leute beschwichtigen. Es gibt keine Experten, die dies für erfolgversprechend halten. In anderen Städten brachten solche Maßnahmen vermehrt Zwischenfälle von Mensch und Hund, bewirkten also genau das Gegenteil von dem, was sie versprachen. Mehr Wissen über Hunde, ihr Wesen und ihre Sprache, eine artgerechte

Sozialisierung der Vierbeiner und passendes Training würden hingegen mehr Sicherheit und ein erfreulicheres Zusammenleben ermöglichen. Hunde und Menschen sind seit Zehntausenden Jahren Gefährten, und auch in der heutigen Zeit sollte es möglich sein, dass Kinder und Hunde wie Waris und Joey miteinander spielen und Spaß haben, anstatt Opfer und Anlass für traurige Schlagzeilen und hasserfüllte Diskussionen in den sozialen Medien zu sein.

Wissen und Übung retten Leben und bewahren Menschen die Gesundheit und Unversehrtheit im täglichen Straßenverkehr, und genauso helfen sie im Umgang mit Hunden. Außerdem macht es viel mehr Spaß, mit Hunden zu leben, wenn man sie versteht und ihnen die Möglichkeit gibt, auch die Menschen zu verstehen, denen sie letztendlich auf Gedeih und Verderb ausgeliefert sind, sofern dies bei unserer Spezies überhaupt möglich ist. Wir machen es unseren besten Freunden sicher nicht leicht.

LITERATUR

- Arvelius, Per und Eken Asp, Helena und Fikse, Freddy und Strandberg, Erling und Nilsson, Katja: »Genetic analysis of a temperament test as a tool to select against everyday life fearfulness in Rough Collie«. In: *Journal of animal science*, Bd. 92, S. 4843–4855, 2014.
- Axelsson, Erik und Ratnakumar, Abhirami und Arendt, Maja-Louise und Maqbool, Khurram und ebster, Matthew T. und Perloski, Michele und Liberg, Olof und Arnemo, Jon M. und Hedhammar, Åke und Lindblad-Toh, Kerstin: »The genomic signature of dog domestication reveals adaptation to a starch-rich diet«. In: *Nature*, Bd. 495, S. 360–364, 2013.
- Bradshaw, John: *Hundeverstand.* Nerdlen/Daun 2015.
- D'Aniello, Biagio und Scandurra, Anna, und Alterisio, Alessandra und Valsecchi, Paola und Prato-Previde, Emanuela: »The importance of gestural communication: a study of human-dog communication using incongruent information«. In: *Animal Cognition*, Bd. 19, S. 1231–1235, 2016.
- D'Aniello, Biagio und Semin, Gün Refik und Alterisio, Alessandra und Aria, Massimo und Scandurra Anna: »Interspecies transmission of emotional information via chemosignals: from humans to dogs (Canis lupus familiaris)«. In: *Animal Cognition*, Bd. 21, S. 67–78, 2018.
- De Waal, Frans: *Der gute Affe: Der Ursprung von Recht und Unrecht bei Menschen und anderen Tieren.* München 1997.
- Dias, Brian G. und Ressler, Kerry J.: »Parental olfactory experience influences behavior and neural structure in subsequent generations«. In: *Nature Neuroscience*, Bd. 17, S. 89–96, 2014.
- Duffy, Deborah L., Yuying Hsu and James A. Serpell. »Breed differences in canine aggression«. In: *Applied Animal Behaviour Science*, Bd. 114, S. 441–460, 2008.
- Eken Asp, Helena und Arvelius, Per und Fikse, Freddy und Nilsson, Katja und Strandberg, Erling: »Genetics of Aggression, Fear and Sociability in Everyday Life of Swedish Dogs«. Im *Konferenzreport des 10th World Congress of Genetics Applied to Livestock Production in Vancouver.* Kanada, 2014.

- Eken Asp, Helena und Fikse, Willem Freddy und Nilsson Katja und Strandberg Erling: »Breed Differences in Everyday Behaviour of Dogs«. In: *Journal of Applied Animal Behaviour Science*, Bd. 169, S. 69–77, 2015.
- Eken Asp, Helena: »Everyday Behaviour in Dogs. Breed Differences and Genetic Analysis«, Diplomarbeit an der Schwedischen Landwirtschafts-universität. Uppsala 2015.
- Frantz, Laurent A. F. und Mullin, Victoria E. und Pionnier-Capitan, Maud und Lebrasseur, Ophélie und Ollivier, Morgane und Perri, Angela und Linderholm, Anna und Mattiangeli, Valeria und Teasdale, Matthew D. und Dimopoulos, Evangelos A. und Tresset, Anne und Duffraisse, Marilyne und McCormick, Finbar und Bartosiewicz, László und Gál, Erika und Nyerges, Éva A. und Sablin, Mikhail V. und Bréhard, Stéphanie und Mashkour, Marjan und Bălăşescu, Adrian und Gillet, Benjamin und Hughes, Sandrine und Chassaing, Olivier und Hitte, Christophe und Vigne, Jean-Denis und Dobney, Keith und Hänni, Catherine und Bradley, Daniel G. und Larson, Greger: »Genomic and archaeological evidence suggest a dual origin of domestic dogs«. In: *Science*, Bd. 352, S. 1228–1231, 2016.
- Grandin, Temple: Ich sehe die Welt wie ein frohes Tier, Berlin 2005.
- Hartwig, Dieter: »Droht uns der Hund? Fakten contra Emotion«. In: *Zur Sache: Kampfhunde – Der Verband für das Deutsche Hundewesen klärt auf.* Dortmund, 1991
- Horowitz, Debra F. und Mills, Daniel S.: *BSAVA Manual of Canine and Feline Behavioural Medicine.* Gloucester, 2010.
- Huber, Ludwig und Popovová, Natálie und Riener, Sabine und Salobir, Kaja und Cimarelli, Giulia: »Would dogs copy irrelevant actions from their human caregiver?«. In: *Learning and Behavior*, Bd. 46, S. 387–397, 2018.
- Ilska, Joanna und Haskell, Marie J. und Blott, Sarah C. und Sánchez-Molano, Enrique und Polgar, Zita und Lofgren, Sarah E. und Clements, Dylan N. und Wiener, Pamela: »Genetic Characterization of Dog Personality Traits«. In: *Genetics*, Bd. 206, S. 1101–1111, 2017.
- Kaminski, Juliane und Hynds, Jennifer und Morris, Paul und Waller, Bridget M.: »Human attention affects facial expressions in domestic dogs«. In: *Scientific Reports*, Bd. 7, 2017.
- Kotrschal, Kurt: *Hund und Mensch*, Wien 2016.
- Kubinyi, Eniko und Sasvari-Szekely, Maria und Miklosi, Adam: »›Genetics and the Social Behavior of the Dog‹ Revisited: Searching for Genes Relating to Personality in Dogs.«. In: *Miho Inoue-Murayama und Shoji Kawamura und Alexander Weiss: From Genes to Animal Behavior.* Tokyo, 2011, S. 255–274.
- McConnell, Patricia: *Das andere Ende der Leine.* München 2014.

- McConnell, Patricia: *Liebst du mich auch?: Die Gefühlswelt bei Mensch und Hund.* Nerdlen / Daun 2008.
- Mosser, Hans: »Hunde-Beißunfälle bei Kindern und Jugendlichen: Eine Metaanalyse der Risikofaktoren«. In: *Wuff,* Bd. 3, S. 40–42, 2002.
- Mosser, Hans: »Unfallprävention bei Kindern im Umgang mit Hunden«. In: *Wuff,* Bd. 3, S. 18–24, 2002.
- Müller, Corsin A. und Schmitt, Kira und Barber, Anjuli L.A. und Huber, Ludwig: »Dogs Can Discriminate Emotional Expressions of Human Faces«. In: *Current Biology,* Bd. 25, S. 601-605, 2015.
- Nilson, Finn und Damsager John und Lauritsen, Jens und Bonander, Carl: »The effect of breed-specific dog legislation on hospital treated dog bites in Odense, Denmark – A time series intervention study«. In: *Plos One,* Bd. 13, 2018.
- Prichard, Ashley und Chhibber, Raveena und Athanassiades, Kate und Spivak, Mark und Berns, Gregory S.: »Fast neural learning in dogs: A multimodal sensory fMRI study«. In: *Scientific Reports,* Bd. 8, 2018.
- Pryor, Karen: *Positiv-bestärken – sanft erziehen.* Stuttgart 2006.
- Raffan, Eleanor und Dennis, Rowena J. und O'Donovan und Conor J. und Becker, Julia M. und Scott, Robert A. und Smith, Stephen P. und Withers, David J. und Wood, Claire J. und Conci, Elena und Clements, Dylan N. und Summers, Kim M. und German, Alexander J. und Mellersh, Cathryn S. und Arendt, Maja L. und Iyemere, Valentine P. und Withers, Elaine und Söder, Josefin und Wernersson, Sara und Andersson, Göran und Lindblad-Toh, Kerstin und Yeo, Giles S.H. und O'Rahilly, Stephen: »A Deletion in the Canine POMC Gene Is Associated with Weight and Appetite in Obesity-Prone Labrador Retriever Dogs«. In: *Cell Metabolism,* Bd. 23, S. 893–900, 2016.
- Rothe, Karin; Tsokos, Michael; Handrick, Werner: »Tier- und Menschenbissverletzungen«. In: *Deutsches Ärzteblatt,* Bd. 25, S. 433–443, 2015.
- Rugaas, Turid: Calming Signals, Bernau 2001.
- Sanford, Emily M. und Burt, Emma R. und Meyers-Manor, Julia E.: »Timmy's in the well: Empathy and prosocial helping in dogs«: In: *Learning and Behavior,* Bd. 46, S. 374–386, 2018.
- Schalamon, Johannes und Ainoedhofer, Herwig und Singer, Georg und Petnehazy, Thomas und Mayr, Johannes und Kiss, Katalin und Höllwarth, Michael: »Analysis of Dog Bites in Children Who Are Younger Than 17 Years«. In: *Pediatrics,* Bd. 117, S. 374–379, 2005.
- Sommerfeld-Stur, Irene: *Rassehundezucht.* Stuttgart 2016.
- Stiftung Warentest: »*Hundeboxen fürs Auto«,* Bd. 2, 2018.
- Svartberg, Kenth und Forkman, Björn: »Personality traits in the domestic dog (Canis familiaris)«. In: *Applied Animal Behaviour Science,* Bd. 79, S. 133–156, 2002.

- Svartberg, Kenth und Tapper, Ingrid und Temrin Hans, und Radesater, Tommy und Thorman, Staffen: »Consistency of personality traits in dogs«. In: *Animal Behaviour*, Bd. 69, S. 283–291, 2005.
- Svartberg, Kenth: »Breed-typical behaviour in dogs – Historical remnants or recent constructs?«. In: *Applied Animal Behaviour Science*, Bd. 96, S. 293–313, 2006.
- Tellington-Jones: *Linda, Tellington-Training für Hunde*. Stuttgart 1999.
- Till, Holger und Spitzer, Peter: *Kinderunfall-Report 2016*. Graz, 2017.
- Wachtel, Hellmuth: »Alle Hunde dieser Welt«. In: *Wuff*, Bd. 2, 2007.
- World Wide Fund For Nature: *Die Wölfe kehren zurück*. Wien 2012.